KB216271

최윤정의 명품 선물포장

최윤정의 명품 선물 포장

1판 1쇄 발행 2007년 11월 15일
1판 6쇄 발행 2011년 2월 1일

발행인 | 김재호
편집인 | 이재호
출판팀장 | 안영배

편집장 | 이기숙
진행 | 이채현
아트디렉터 | 윤상석
디자인 | 일디자인(Ile Design)
사진 | 김덕창(studio Da:)
일러스트 | 김여정
스타일리스트 | 심희진
마케팅 | 이정훈 · 유인석 · 정택구 · 이진주
스캔 · 출력 | 김광삼 · 이상국
교정 | 김지희
인쇄 | 우성프린팅

펴낸곳 | 동아일보사
등록 | 1968.11.9(1-75)
주소 | 서울시 서대문구 충정로3가 139번지(120-715)
마케팅 | 02-361-1030~3 팩스 02-361-1041
편집 | 02-361-0992 팩스 02-361-0979
홈페이지 | http://books.donga.com

편집저작권 ⓒ 2007 동아일보사
이 책은 저작권법에 의해 보호받는 저작물입니다.
저자와 동아일보사의 서면 허락 없이 내용의 일부를 인용하거나 발췌하는 것을 금합니다.

ISBN 978-89-7090-536-5 23590
값 14,800원

최윤정 은...

모던한 컬러 매치와 럭셔리한 스타일로 화려하면서도 깔끔한 감각을 선보이며 2004년 한국 선물포장 디자인 공모에서 대상을 거머쥔 국내 정상의 포장 디자이너. 일본 블라섬 오브 나오코 파티 프로듀서 과정을 이수하고, 일본 선물포장예술 아카데미와 일본 선물포장 리본아트플라워 아카데미 1급 강사, 국내 선물포장 기능대회(예선)와 1·2급 기능사시험 심사위원으로 활약하고 있다. 매년 개인 전시회 이외에도 2004년 국회의원회관 테이블 & 선물포장 전시, 2005년 교토에서 열린 한일 식탁교류전 파티 연출 & 코엑스 Siba 선물포장 전시, 2006년 킨텍스 호비쇼 리본아트 플라워 전시 등 국내외 굵직한 행사를 통해 예술성과 실용성을 겸비한 새로운 컨셉트를 제시하며 국내 포장업계를 이끌고 있다. 선물포장 기능경기대회 장려상, 노동부 우수기능인 표창 등 시상. 현재 한국 선물포장 디자이너협회 이사.

표정 없는 물건에 생명 불어넣는 포장의 마력

Prologue

누군가를 위해 선물을 준비하는 것은 참 행복한 일입니다. 크든 작든 마음을 전하기 위해 준비한 선물에 어떤 표정을 입힐까 생각하며 곱게 포장을 하다 보면 비로소 선물의 의미가 완성되는 것을 느낄 수 있지요. 선물이 받는 사람보다 주는 이의 마음을 풍요롭게 하는 것은 물건에 표정을 입히는 포장이라는 과정이 있기 때문입니다. 단지 물건에 불과하던 것이 제 나름의 의미를 갖게 되는 것이야말로 포장의 마력이라 생각합니다.
아무리 나누어도 넘칠 듯한 축하의 마음, 담아도 담아도 가득 채워지지 않는 감사의 마음, 감출 길 없는 가슴 벅찬 사랑의 열정, 수줍게 피어오르는 사모의 마음, 용서를 구하는 미안한 마음, 함께 있어서 행복한 축복의 마음, 따뜻한 세상을 만드는 배려의 마음…. 미처 다 내보일 수 없는 그 마음을 담은 선물 하나가 누군가의 인생에 큰 의미가 되고, 싸움의 불씨를 평화의 불로 밝히기도 합니다.

집안의 사업 때문에 일찍이 영국, 프랑스, 일본 등으로 나갈 기회가 많아지면서 자연스럽게 포장에 눈뜰 수 있었습니다. 번화가에 들어서면 상품보다 먼저 눈길을 사로잡는 것이 있었는데, 하나하나가 예술작품 같은 포장이더군요. 작은 것 하나를 사도 멋지게 담아 주는, 그 포장이 제품보다 더 좋아 자꾸 찾게 되는 경우도 있었지요. 한번은 영국에 유학 가 있는 아들을 보러 갔다가 마침 크리스마스를 앞두고 쏟아져 나오는 포장지와 각종 장식 소품들에 매료돼 학비를 모두 털어 사가지고 온 일도 있습니다. 그렇게 포장에 푹 빠져, 세계적인 포장 전문가들을 찾아 배우게 되었습니다. 프랑스의 마티 파야송과 로젤린 티시에, 그분들에게 포장의 의미와 주요 표현법을 배웠고, 일본 나고야 선물 포장 아카데미의 하세 요시코, 파티프로듀서 과정의 오치아이 선생에게 기본기부터 고난도 테크닉까지 충실히 배울 수 있었습니다. 그리고 강홍준 선생과 김영애 선생의 테이블 세팅 과정을 거치면서 폭넓게 응용하는 방법을 찾게 되었습니다.

포장은 어려운 방법으로 한다고 더 돋보이는 것이 결코 아닙니다. 간단한 박스 포장도 포장지를 알맞게 선택하고 컬러와 리본만 잘 조화시키면 훌륭한 작품이 될 수 있지요. 가장 쉬운 캐러멜식 포장법 하나만 제대로 익혀도 얼마든지 응용해 자기만의 스타일을 연출해낼 수 있습니다. 이 책은 용도에 따라 편리하게 이용할 수 있도록 테마별로 구성했습니다. 각 테마에 맞는 컬러와 포장지, 리본을 선택했고 누구나 손쉽게 따라할 수 있도록 사진보다 표현이 정교한 일러스트로 만드는 법을 소개했습니다. 난이도가 높은 포장법까지 다 담을 수는 없었지만 여러분의 정성과 마음을 전하기에 부족하지 않도록 최선을 다해 수록했습니다. 많은 분이 포장에 관심을 갖고 따뜻한 마음을 나누는 데 이 책이 활용된다면 더 큰 기쁨이 없을 듯합니다.
이 책이 나오기까지 애써주신 동아일보사와 스태프 여러분, 자기 일처럼 발 벗고 나서 도와주신 많은 분들께 진정 고마운 마음 전합니다. 그리고 아들의 학비가 동나는 줄도 모르고 포장에 빠져 사들이고 배우러 다니는 내내 전폭적인 지지와 응원을 아끼지 않은 나의 소중한 가족에게 이 책을 선물합니다.

늘 지혜 주시고 힘 주시는 하나님께 감사와 영광 드리며….
2007년 11월 최윤정

이 책, 이렇게 보세요!

♥ 이 책에서는 포장 소재인 리본 테이프를 '리본'으로 칭했고, 리본으로 동그랗게 만든 것을 '보(bow)'라고 칭했습니다.

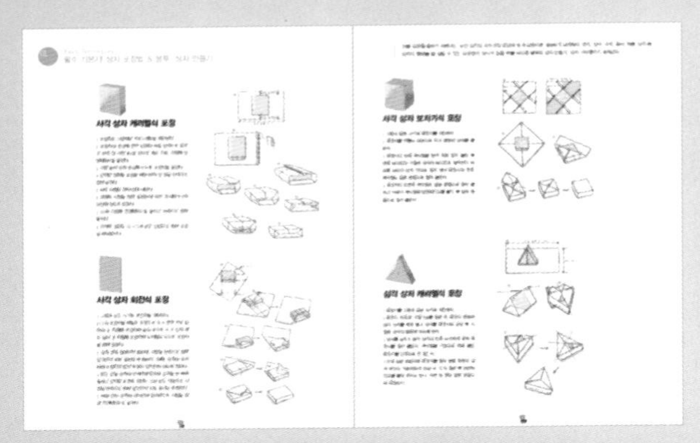

♥ 기초편에 소개한 상자 포장법과 보 만드는 법, 상자에 리본 매는 법 등을 먼저 익힌 다음 본문의 다양한 포장법을 따라하면 보다 손쉽게 배울 수 있습니다.

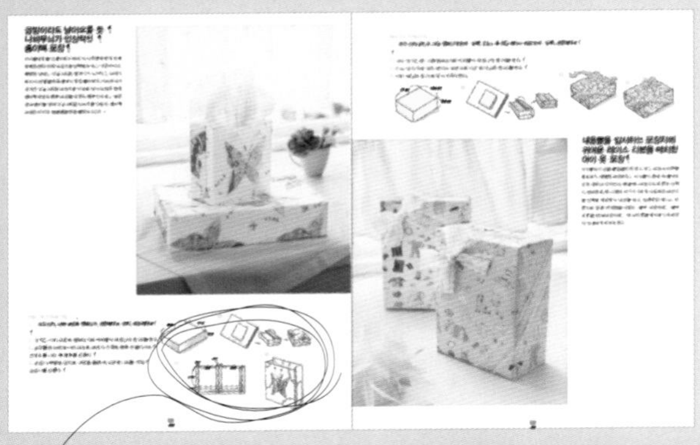

♥ 본문의 선물 포장 만들기를 사진으로 상세히 표현하는 데 한계가 있어 각각의 포장법을 보다 자세한 일러스트로 소개함으로써 누구나 쉽게 따라할 수 있게 했습니다.

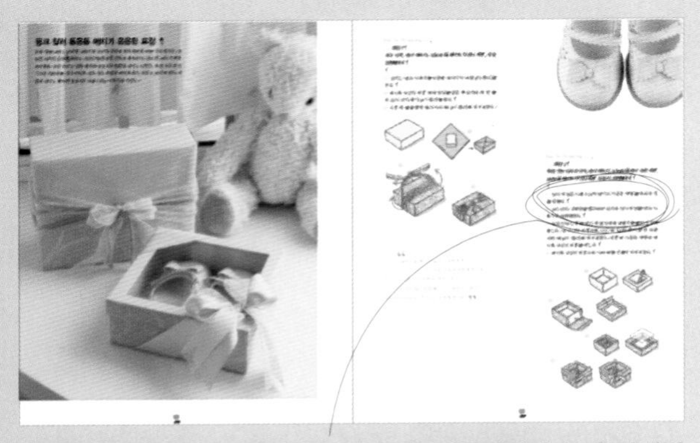

♥ 본문 만들기 내용 중 기본 포장법은 기초편에서 보다 자세히 살펴볼 수 있도록 페이지를 모두 표시했습니다. 예를 들어 사각 상자를 캐러멜식으로 포장하여 나비 보로 마무리할 경우 캐러멜식 포장(p18 참고)과 나비 보(p24 참고)를 모두 표시하여 바로 찾아볼 수 있습니다.

Contents

Before Wrapping

Wrapping Paper _ 012
Wrapping Materials _ 014
Wrapping Ribbon _ 016
필수 기본기! 상자 포장법 & 봉투와 상자 만들기 _ 018
포장을 돋보이게 하는 리본 보 만들기 _ 024
예쁜 포장을 위한 리본 매기 _ 027

Part 1

For Baby & Kids

무한대의 꿈을 담아서…
아이를 위한 선물 포장

화이트 포장이 깔끔한 아기 선물 포장 _ 032
은은한 핑크 톤이 사랑스러운 사각 박스 3단 포장 _ 034
단색 포장지와 체크 리본의 산뜻한 조화 _ 035
나비무늬가 인상적인 종이백 포장 _ 036
귀여운 레이스 리본을 매치한 아이 옷 포장 _ 037
핑크 컬러 톤온톤 매치가 은은한 포장 _ 038
오리 인형으로 생생함을 더하는 내추럴 포장 _ 040
포장지 없이 리본만으로 개성 살린 박스 포장 _ 041
화이트와 핑크 매치 포장에 네이비 컬러 리본으로 포인트를! _ 042
부직포를 이용한 캔디 모양 포장 _ 043
블루&레드의 강렬함이 호기심 불러일으키는 보색 대비 포장 _ 044
파스텔 톤의 폼폰 보가 인상적인 빅 박스 포장 _ 046
두 종류 리본의 조화가 앙증맞은 포장 _ 047
액세서리 장식으로 설렘 자극하는 장난감 박스 포장 _ 048
내용물의 형태를 깔끔하게 살린 육각 상자 포장 _ 049
포장지와 부직포로 만든 우산 모양 포장 _ 050
노방 천을 꽃처럼 만들어 장식한 캔디 병 포장 _ 051

Part 2

For Teenager

축하와 격려를 한번에…

틴에이저를 위한 선물 포장

박스의 높이와 톤온톤 컬러 매치가 잘 어울리는 사각 포장 _ 054
포장지에 망사 천을 덧씌워 고급스러움을 더하는 이중 포장 _ 055
포장지의 프린트를 잘 살린 정통 캐러멜식 포장 _ 056
스트라이프 리본 연출에 자개 장식을 포인트로 마무리! _ 057
포장지의 느낌 그대로 리본을 매치한 스트라이프 포장 _ 058
두 가지를 하나로 간편하게, 선물 & 꽃 포장 _ 060
컬러 트레이싱지를 이용한 이중 포장 _ 062
와이어 리본의 특징을 살려 보를 풍성하게 한 포장 _ 063
나비 비즈 장식이 인상적인 액세서리 선물 포장 _ 064
폴리 리본으로 포인트를 준 삼각뿔 포장 _ 065
재미와 개성이 돋보이는 원색의 콜라병 프린트 포장 _ 066
프린트 소재를 장식으로 연결한 나뭇잎무늬 포장 _ 068
커다란 리본으로 깔끔하게 처리한 비즈 체인 장식 포장 _ 069
캐주얼 감각이 돋보이는 바둑판 모양 소포 포장 _ 070
자연 소재 프린트를 장식으로 활용한 아이디어 포장 _ 071
모던한 도트무늬가 인상적인 미니 박스 포장 _ 072
책 표지만 씌우고 리본 한 줄로 포인트를 살린 실용 포장 _ 073
리본을 X자 모양으로 크로스한 심플 포장 _ 074
고급스러운 멋을 더한 액세서리 장식 포장 _ 075
아이에게 격려를… 용돈 봉투 포장 _ 076
실속파를 위한 용돈 & 카드 포장 _ 077

Part 3

For Lovers

속 깊은 당신의 마음을 전하세요~

사랑하는 이를 위한 선물 포장

화이트의 깔끔함과 우아함이 돋보이는 액세서리 포장 _ 080
왕관 같은 리본 보가 화려한 육각 상자 포장 _ 082
두 가지 리본으로 화사하게 연출한 삼각 포장 _ 084
하트 양초가 사랑스러운 화이트데이 포장 _ 085
와이어를 여러 번 둘러 재미를 더한 이색 포장 _ 086
상자 크기만한 폼폰 보가 화려한 육각 상자 포장 _ 087
사랑 지수 높여주는 핑크색 톤온톤 보자기식 포장 _ 088
하트 장식을 조로록 연결한 시계 케이스 포장 _ 089
그와 그녀를 위한 도트무늬 리본 포장 _ 090
끈과 소품만으로 센스 있게 표현한 하트 장식 포장 _ 091
레드 컬러가 눈길 끄는 밸런타인데이 선물 포장 _ 092
상자에 같은 컬러 리본만 묶은 심플 포장 _ 092
포장 자체에 의미 가득 담은 초콜릿 포장 _ 094
하트 장식을 빙 둘러 묶은 육각 포장 _ 096
비즈 액세서리에 리본을 연결한 색다른 럭셔리 포장 _ 098
리본에 진주 비즈를 연결한 커플 액세서리 포장 _ 099
핑크와 리본의 매치가 사랑스러운 봉투 _ 100
스타일이 다른 여러 개의 리본으로 멋을 낸 박스 포장 _ 102
장미와 초콜릿으로 코사지를 만들어 올린 초콜릿 박스 포장 _ 104
트레이싱지와 핑크 깃털이 어우러진 미니 봉투 포장 _ 105

Part 4

For Thanks

다 채울 수 없는 감사의 마음을 보냅니다~

감사 선물 포장

골드 & 브라운 매치가 고급스러운 2단 포장 _ 108
노방 천으로 모던함 더한 보자기 포장 _ 109
큼직한 스타 보가 인상적인 둥근 박스 포장 _ 110
도트무늬 싱글 보가 세련된 커플 선물 포장 _ 111
정통 보에 품위를 더한 사각 박스 주름 포장 _ 112
느낌이 다른 두 가지 리본으로 품위와 개성을 동시에 연출! _ 114
자카드와 공단 리본이 은은하게 어우러진 패브릭 포장 _ 116
명절 분위기 제대로 살린 전통 포장 _ 118
전통 차 선물에 안성맞춤, 원통 바람개비 포장 _ 119
매듭 끈을 이용한 럭셔리 전통 포장 _ 120
가는 자주색 리본이 산뜻한 심플 사각 포장 _ 121
포장지 스티치 장식이 눈길 끄는 원통 포장 _ 122
깔끔하고 고급스러운 블랙 & 실버 톤 포장 _ 124
오너먼트와 깃털 장식이 감각적인 블랙 톤 포장 _ 124
리본과 끈, 실버 체인이 멋스러운 블랙 톤 포장 _ 126
큼직한 보가 우아한 크로스 포장 _ 128
포장지의 개성 살린 실버 톤 나비 스티치 포장 _ 129
모던함과 센스가 돋보이는 넥타이 선물 포장 _ 130
고마운 부모님, 사랑하는 아이를 위한 용돈 포장 _ 131
리본을 포인트 장식으로 활용한 얇은 박스 포장 _ 132

wrapping for special day 1
사랑 가득 담은 어버이날 선물 포장 _ 134

Part 5

For Special Day

특별한 날을 더욱 특별하게~

크리스마스 & 웨딩 선물 포장

for wedding

화이트 꽃과 리본으로 장식한 예물 반지 포장 _ 141
진주 구슬로 장식한 웨딩 선물 포장 _ 141
화이트 조화가 인상적인 웨딩 답례품 포장 _ 142
양초 장식이 개성 있는 웨딩 선물 포장 _ 143
두 가지 선물을 하나로 연결한 아이보리 톤 포장 _ 144
공단 리본과 생화로 포인트 준 둥근 박스 포장 _ 145
깜찍한 리본 장식이 돋보이는 미니 박스 포장 _ 146
망사 천을 주머니 모양으로 장식한 캔디 포장 _ 148
오너먼트 장식으로 고급스럽게 완성한 봉투 포장 _ 149

for christmas

커다란 꽃 장식과 리본 연출이 감각적인 골드 톤 포장 _ 151
트리의 색감과 절묘하게 매치한 골드 & 카키 톤 선물 포장 _ 152
크리스마스 트리의 오너먼트 사탕주머니 포장 _ 153
크리스마스 대표 컬러 그린 & 레드 톤 포장 _ 154
상자 뚜껑에 리본만 묶어도 깔끔한 크리스마스 쿠키 포장 _ 155
눈 모양 장식으로 개성 살린 실버 & 블랙 포장 _ 156
강렬한 실버 톤 포장이 인상적인 크리스마스 포장 _ 157
자주색 벨벳과 골드 리본 & 오너먼트 장식이 고풍스러운 포장 _ 158
다양한 소재로 변화를 준 골드 & 화이트 크리스마스 선물 포장 _ 160
크리스마스 파티 손님을 위한 깜짝 선물 포장 _ 162
크리스마스 분위기 한껏 살린 코사지 장식 포장 _ 164
포장지 꽃무늬를 오려 장식한 초콜릿 선물 포장 _ 165

wrapping for special day 2

아이에게 특별한 날로 기억될 핼러윈데이 선물 포장 _ 166

Part 6

Food & Flower

나눌수록 커지는 정을 담아~

음식 & 꽃 선물 포장

화이트 오건디 리본으로 장식한 개별 쿠키 포장 _ 170
스웨이드 천을 이용한 원통형 쿠키 박스 포장 _ 171
포크로 장식 효과 살린 샌드위치 박스 포장 _ 172
각기 다른 예쁜 상자가 오밀조밀! 종합 쿠키 선물 세트 _ 173
핸드메이드의 정성이 돋보이는 아이디어 파이 박스 _ 174
트레이싱지와 부직포로 컬러감 살린 미니 파운드케이크 포장 _ 175
원색 띠를 두른 삼각형 미니 봉투 포장 _ 176
브라운 & 그린의 조화 속에 리본 장식이 깜찍한 초콜릿 박스 포장 _ 177
코르크 마개를 포인트로 장식한 와인 봉투 포장 _ 178
트레이싱지 봉투에 리본을 엮은 모던 스타일 와인 포장 _ 179
여러 가지 안주를 함께 넣은 실용 만점 와인 포장 _ 180
신선한 과일과 치즈 등을 매치한 와인 & 샴페인 포장 _ 181
부직포로 장식한 세 가지 스타일 오일 병 포장 _ 182
영자 포장지로 개성 살린 다용도 봉투 포장 _ 183
정성이 돋보이는 음식 선물 보자기 포장 _ 184
블랙 오건디 리본의 은은한 느낌 살린 원형 그릇 포장 _ 185
장미 꽃만큼 강렬한 마음을 담은 꽃 포장 _ 186
소박하면서도 부담 없이 정성 담은 허브 화분 포장 _ 187
종이 박스에 끈을 달아 실용도 높인 꽃 선물 포장 _ 188
허브 장식으로 완성도 높인 천연식품류 선물 포장 _ 189

Before Wapping

포장 왕초보도 걱정 끝!

재료 준비부터 박스 포장 & 리본 보 만들기 &

리본 매기까지 멋진 포장을 위한 기본기

Wrapping Paper

선물을 포장할 때는 포장지의 컬러나 분위기에 맞춰 리본이나 기타 장식을 매치하게 되므로 포장지의 선택은 매우 중요하다. 포장을 업그레이드할 수 있는 포장지의 종류에 대해 살펴보고, 선물의 의미가 잘 전달될 수 있도록 선물의 분위기와 받는 사람의 취향에 맞게 선택해 보자.

한지 전통적인 분위기를 내므로 웃어른을 위한 선물 포장이나 명절 선물 포장 등 고급스럽고 전통적인 한식 포장의 멋을 살리고 싶을 때활용하면 좋다. 지끈이나 라피아 끈, 또는 매듭끈을 매치하면 잘 어울린다.

수입 양면지 양면에 프린트가 되어 있어 양면 모두 사용할 수 있는 포장지로 앞뒷면이 다 보이도록 포장할 때 활용하기 좋다. 상자를 커버링할 때 활용하기에도 좋다.

벨벳 포장지 일반 포장지에 벨벳 천이 매치되어 있는 포장지. 고급스러운 느낌의 선물 포장에 좋다. 가을이나 겨울 등 날씨가 쌀쌀할 때 계절 감각을 살려 포장해 본다.

패턴 페이퍼 한쪽은 프린트가 있고, 다른 쪽은 단색으로 되어 있는 도톰한 포장지. 쇼핑백이나 박스를 제작할 때 이용하면 좋다. 무늬지 또는 배경지라고도 한다.

직녀지 포장지에 굵고 작은 체크 모양이 입체적으로 새겨져 있는 포장지.

엠보싱지 표면에 엠보싱 처리가 되어 있는 포장지. 일정한 무늬가 엠보싱으로 표현된 것도 있고, 엠보싱에 반짝이를 붙여 독특하고 화려하게 엠보싱 처리한 포장지도 있다.

유산지 종이에 기름 처리하여 부드럽고 트레이싱지처럼 투명한 느낌을 살린 포장지. 유산지 하나만으로 포장하는 것보다 단색의 포장지와 겹쳐 포장하면 색다른 느낌을 연출할 수 있다.

매탈릭 발포지 펄을 종이에 전사하여 다양한 무늬를 만들어 고급스럽고 화려한 느낌을 주는 포장지. 대부분 단색이며 다양한 컬러의 종이가 있어 어느 포장이든 조금 화려한 포장을 하고 싶을 때 사용하기 좋다.

모시지 표면이 모시 조직처럼 되어 있어 모시지라고 한다. 표면이 매끄럽지 않고 약간 엠보싱 느낌이 난다.

스타드림지 차갑고 반짝이는 메탈 느낌을 살린 메탈릭 포장지로 일반 포장지에 비해 조금 두꺼운 것이 특징이다. 광택 있는 반짝이는 느낌 때문에 리본 또한 반짝이는 것으로 매치하는 것이 잘 어울린다.

수입 레자크지 다채로운 색상과 무늬를 매치해 다양한 변화를 줄 수 있는 포장지. 가장 널리 사용되는 포장재 가운데 하나다.

부직포 부직포는 천의 일종으로, 열과 압력을 가해 만든 천이다. 부드럽지 않고 조금 빳빳한 느낌을 준다. 상자 외에도 형태가 일정하지 않아 포장하기 어려운 것을 포장할 때 편리하다.

꽃지 포장지 가득 작은 꽃무늬가 프린트되어 있는 포장지. 주로 작은 상자를 포장할 때 적당하다. 은은한 느낌을 살리고 싶을 때 응용해 본다.

구김지 손으로 아무렇게나 구긴 듯한 느낌을 그대로 살려 자연스러운 멋을 낸 포장지. 화지(습자지)의 일종이며 대부분 단색이다. 펄 구김지도 있어 다양하게 활용하기 좋다.

타공지 단색의 종이 위에 일정한 간격으로 작은 구멍이 나 있는 포장지로, 안쪽에 다른 단색의 종이와 겹쳐 이중 포장하면 한결 효과적이다. 또한 구멍이 나 있어 향수나 방향제 등 향 제품을 포장할 때 활용하기 좋다.

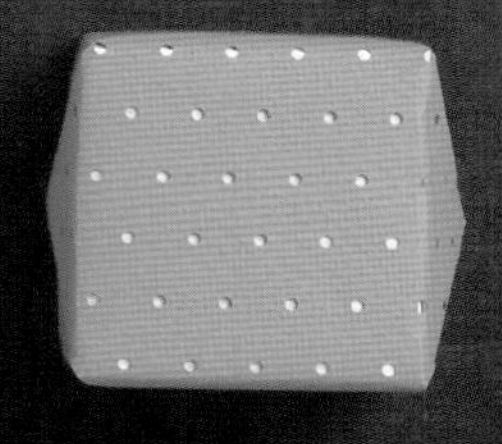

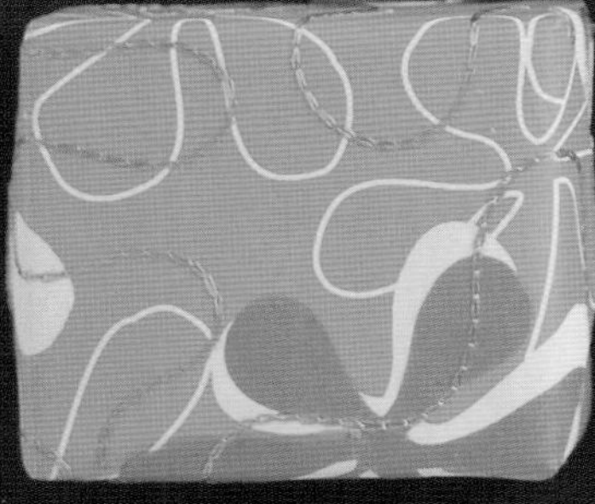

스티치 한지 한지 위에 실로 자수가 놓여 있어 은은하고 고급스러운 이미지를 살린 포장지. 굳이 리본이나 기타 장식을 하지 않아도 포장지 하나만 있으면 얼마든지 특별한 포장을 완성할 수 있다.

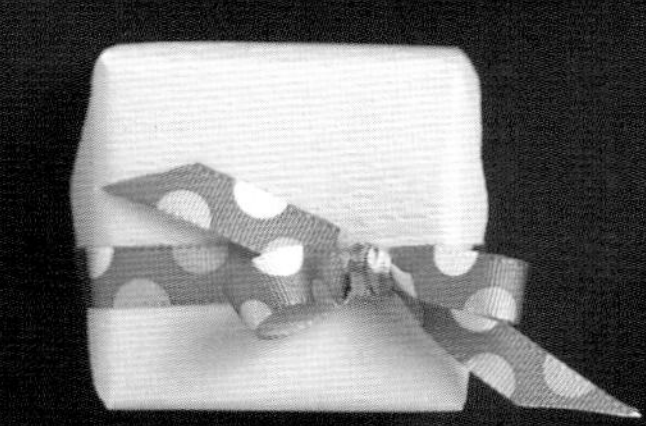

주름지 종이에 잔주름이 가득 잡혀 있어 신축성이 좋은 것이 특징. 둥근 상자나 병 등 둥근 모양의 선물을 포장하기 좋다.

레자크지 광택 없이 한쪽 면에 약간의 엠보싱 처리가 되어 있는 포장지. 다양한 색상과 무늬가 매치되어 있어 변화를 주기 쉬운 포장지다. 가격이 저렴해 포장 재료로 흔히 쓰인다.

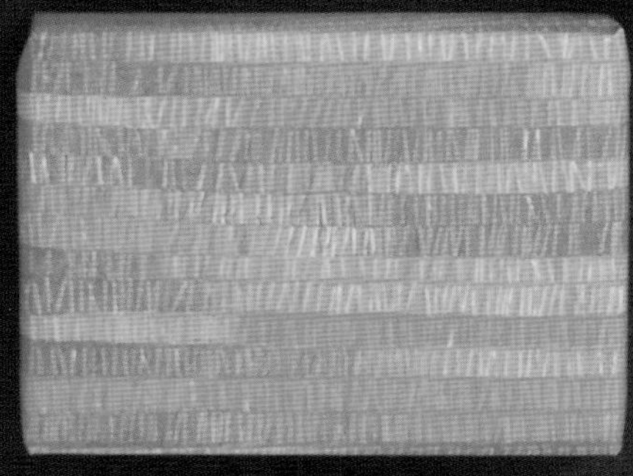

아트지 한쪽 면에만 프린트가 있고, 다른 한쪽은 흰색의 종이로 두께가 얇아 사용하기 조금 불편하고 까다로운 단점이 있지만 컬러나 무늬에 따른 종류가 매우 다양해 활용도가 높은 포장지다.

Wrapping Materials

포장지와 리본만으로도 예쁜 포장이 가능하지만 여기에 어울리는 장식을 더한다면 선물이 한결 돋보이게 된다. 포장지와 리본을 깔끔하게 자르는 가위부터 멋진 장식을 만드는 데 필요한 편리한 공구까지 포장에 쓰이는 도구에 대해 살펴보자.

공예 와이어 가늘고 부드러워 손으로도 아주 잘 구부러져 사용하기 편리한 와이어. 모양 잡은 리본을 고정할 때 주로 사용한다. 가는 철사 위에 흰색이나 초록색, 금색 등 종이테이프를 감아 놓아 컬러나 용도에 맞게 선택해 사용한다.

종이테이프 포장 시 와이어를 사용할 경우 와이어를 보기 좋게 하기 위해 와이어에 종이테이프를 감아 처리한다.

아일릿 세트(아일릿싱 & 아일릿 펀치) 펀치로 뚫은 구멍을 깔끔하고 단단하게 마무리하는 도구. 박스나 봉투에 구멍을 내고 아일릿으로 처리하면 리본이나 끈을 끼우더라도 구멍 주위가 헤지지 않는다.

스테이플러 웨이브 리본을 만들 때와 같이 모양 잡은 리본을 고정할 때 사용하거나 종이 박스에 끈이나 리본을 연결해 손잡이를 달 때처럼 포장재와 재료를 쉽고 단단하게 고정할 때 사용한다.

문구용 칼 주로 포장지를 재단할 때 사용한다. 포장지를 크기에 맞게 접어 자를 때 가위를 사용하는 것보다 칼로 자르는 것이 깔끔하다.

양면테이프 포장할 때 꼭 필요한 테이프로, 포장지를 붙일 때 깔끔하게 처리하기 위해서는 일반 테이프를 사용하는 것보다 양면테이프를 사용하는 것이 좋다.

소형 가위 포장할 때나 박스를 커버링할 때 시접 처리는 큰 가위보다 소형 가위를 사용하는 것이 편리하다. 또한 포장하면서 포장지 안쪽을 잘라야 하는 경우에는 소형 가위를 사용한다.

글루건 두꺼운 종이로 박스를 만들 때, 혹은 선물 포장에 액세서리를 붙여 장식할 때 등 주로 강한 접착력을 필요로 하는 곳에 사용한다.

니퍼 가위로는 잘라지지 않는 와이어를 자를 때 사용한다. 가운데 동그란 부분에 와이어를 넣고 가위질하듯 자르면 와이어가 쉽게 절단된다.

핑킹 가위 톱니바퀴 같은 모양을 내는 핑킹 가위는 포장지에 모양을 낼 때 주로 사용하고 태그를 만들 때도 사용한다. 천으로 포장할 경우 천 주위를 핑킹 가위로 처리하면 올이 풀어지지 않는다.

나이프 리본에 풀칠을 하여 접거나 주름을 잡아 꽃, 별 등 다양한 모양을 만들 때 리본을 접거나 풀칠하는 데 사용하는 도구. 풀칠 후 나이프로 꾹 눌러주면 모양이 잘 잡힌다.

진주 핀 사용한 리본이 풀어지지 않게 리본 끝을 핀으로 고정해 둔다. 테이프로 고정하는 것보다 한결 편리하다.

가위 포장지나 리본을 자를 때 사용하는 포장의 기본 도구. 가위는 잘 드는 것을 사용해야 리본의 올이 풀어지지 않고 깔끔하게 자를 수 있다.

알루미늄 와이어 주로 박스 안에 선물을 고정할 때 사용하지만, 손으로도 쉽게 구부릴 수 있고 컬러가 다양해 선물에 와이어로 장식을 할 때 사용하기도 한다.

클립 사용하고 남은 포장지나 천이 흩어지지 않도록 클립으로 고정하는 것이 좋다.

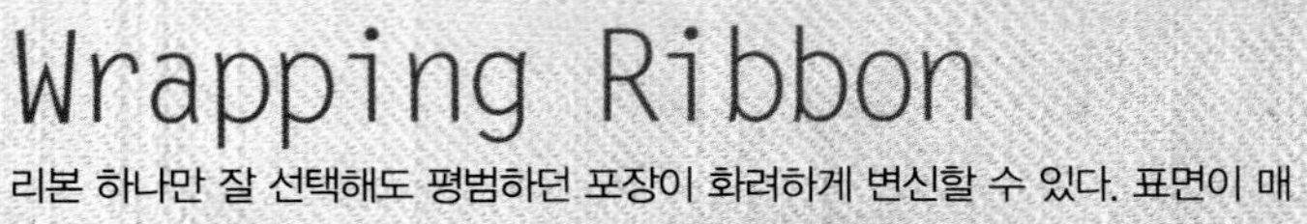

Wrapping Ribbon

리본 하나만 잘 선택해도 평범하던 포장이 화려하게 변신할 수 있다. 표면이 매끄러운 공단 리본, 하늘하늘 망사 같은 오건디 리본, 화사한 레이스 리본 등 포장지의 컬러와 질감에 따라 사용하는 다양한 리본의 종류에 대해 알아보자.

라피아 끈 갈대로 만든 천연 소재의 리본으로, 내추럴한 느낌을 살리는 포장에 주로 이용한다. 오가닉 포장을 할 때 효과적이다.

꽃줄(갈런드) 가는 끈에 중간중간 장식이 붙어 있는 리본으로, 아이들이나 청소년들에게 줄 선물 포장처럼 아기자기한 재미를 주거나 포장에 장식을 더할 때 사용한다.

구슬 체인 작은 구슬이 촘촘하게 연결된 와이어 체인. 포장지 위에 여러 번 둘러 감으면 모던하고 색다른 느낌을 연출할 수 있다.

폴리 리본 대부분 리본이 천으로 만들어진 것에 비해 폴리 리본은 종이 같은 얇은 비닐 리본이다. 매우 다양한 컬러와 디자인이 있어 활용도가 높다.

프린트 리본 리본에 그림이 프린트되어 있어 단색의 포장지 위에 사용하면 효과를 볼 수 있다. 매끄럽고 다양한 그림의 프린트를 만날 수 있으므로 포장에 따라 선택의 폭도 넓다.

공단 리본 매끄러운 감촉과 번들거리는 광택이 특징이 공단 리본은 고급스러운 느낌을 표현한다. 도트무늬나 자잔한 꽃이 프린트된 공단 리본도 있다.

가죽 끈 모던하고 내추럴한 분위기를 살리고 싶을 때 가죽 끈을 활용해 본다. 컬러가 다양하기 때문에 포장지의 컬러에 맞출 수 있다.

면 리본 촘촘한 망사 느낌의 면 리본은 다른 리본에 비해 빳빳하지만 튼튼해서 큼직한 박스를 포장할 때 사용하기 좋다.

체크 리본 가는 면사를 사용하여 리본 중간에 체크무늬를 넣은 리본. 나염이 아닌 리본을 직조할 때 체크 패턴을 만들어 고급스러운 느낌을 살렸다. 단색의 포장지에 산뜻한 포인트를 줄 수 있다.

네트 리본 짜임을 성글게 만든 망사 리본으로, 디테일이 선명해 포장에 색다른 변화를 줄 수 있다. 일반 리본과 겹쳐 사용해도 좋고, 리본으로 포인트를 주고 싶을 때 사용해도 좋다.

레이스 리본 화사한 느낌을 주고 싶을 때 효과적이다. 리본 전체가 레이스로 된 리본과 둘레만 레이스 처리된 리본도 있다.

피콧 리본 가는 끈 양쪽으로 작은 고리가 장식되어 있는 리본. 포장에 재미있는 요소를 살리고 싶을 때 사용한다.

새틴 리본 공단 리본과 비슷하지만 공단 리본만큼의 번들거리는 광택은 없다. 고급스러운 포장에 사용하기 좋은 리본. 주변에 와이어 처리된 것도 있어 포장에 따라 다양하게 활용한다.

오건디 리본 노방 천과 비슷한 소재로 가볍고 하늘하늘하다. 주변에 장식이 되어 있는 것과 와이어 처리된 것 등 다양한 종류가 있다.

골지 리본 일정한 간격으로 촘촘하게 세로로 가는 선이 나 있어 만져보면 올록볼록한 느낌을 준다. 표면이 매끄럽지 않아 쉽게 모양을 낼 수 있다.

와이어 리본 리본 양쪽 가장자리가 가는 와이어로 처리되어 있어 둥글게 구부러지기도 하고 세워지기도 하므로 모양을 잡는 것에 따라 다양하게 표현할 수 있다.

피콧 갈런드 가는 줄에 동그란 모양의 장식이 연속적으로 연결되어 있는 장식 리본. 아이들 포장에 활용하기 좋다.

사각 상자 캐러멜식 포장

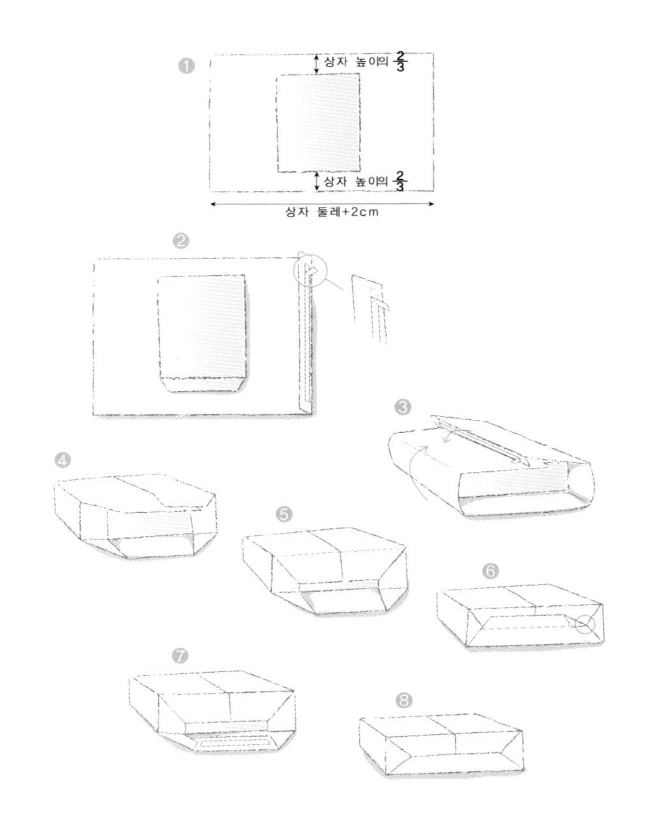

1 포장지는 그림처럼 가로×세로를 재단한다.
2 포장지의 중앙에 상자 밑면이 위를 향하도록 올리고 한쪽 옆 시접 1㎝를 안으로 접은 다음 시접에 양면테이프를 붙인다.
3 시접 끝이 상자 중심에 오도록 포장지를 붙인다.
4 상자의 옆면을 포장할 때는 먼저 양 옆을 안쪽으로 접어 넣는다.
5 위쪽 시접을 먼저 접어 내린다.
6 아래쪽 시접을 접어 올리는데, 접힌 모서리가 Y자 모양이 되도록 접는다.
7 ⑥의 시접에 양면테이프를 붙이고 위쪽으로 접어 붙인다.
8 반대쪽 옆면도 ④~⑦과 같은 방법으로 접어 포장을 마무리한다.

사각 상자 회전식 포장

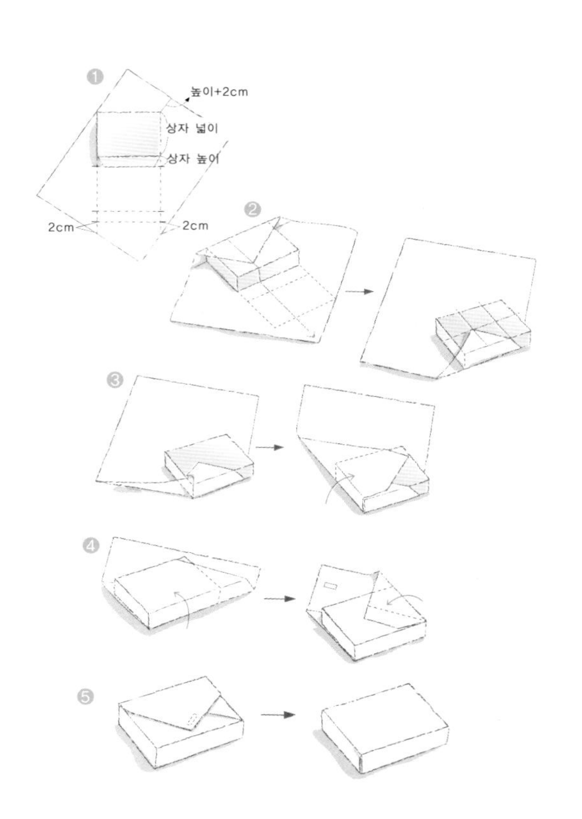

1 그림과 같은 크기로 포장지를 재단한다.
2 ①의 포장지를 마름모 모양으로 두고 상자 가로 길이의 $\frac{1}{3}$ 지점에 포장지의 끝이 오도록 두고 상자 세로 길이 $\frac{1}{2}$ 지점에 포장지의 꼭지점이 오도록 포장지를 접어 올린다.
3 상자 왼쪽 옆면부터 접는데, 시접을 안쪽으로 접어 넣으면서 위로 올라오게 접는다. 이때, 상자의 모서리와 포장지의 접힌 부분이 일직선이 되도록 접는다.
4 접은 선을 상자의 모서리에 맞추어 상자를 한 바퀴 돌리고 상자의 오른쪽 옆면도 ③과 같은 방법으로 시접을 안쪽으로 접어 넣으면서 위로 올라오게 접는다.
5 마감 선이 상자의 대각선과 일치하도록 시접을 접어 양면테이프로 붙인다.

선물 포장을 잘하기 위해서는 우선 상자의 사이즈와 모양에 맞게 포장지로 깔끔하게 포장해야 한다. 삼각, 사각, 육각, 원통 상자 등 상자의 형태를 잘 살릴 수 있는 포장법과 상자가 없을 때를 대비한 봉투와 상자 만들기, 상자 커버링까지 배워본다.

사각 상자 보자기식 포장

1 그림과 같은 크기로 포장지를 재단한다.
2 포장지를 마름모 모양으로 두고 중앙에 상자를 올린다.
3 포장지의 한쪽 꼭지점을 먼저 위로 접어 올린 후 왼쪽 모서리의 시접은 상자의 모서리와 일직선이 되도록 보이지 않게 안으로 접어 넣고 포장지의 왼쪽 꼭지점도 같은 방법으로 접어 올린다.
4 포장지의 오른쪽 꼭지점도 같은 방법으로 접어 올리고 나머지 꼭지점에 양면테이프를 붙인 후 같은 방법으로 접어 올린다.

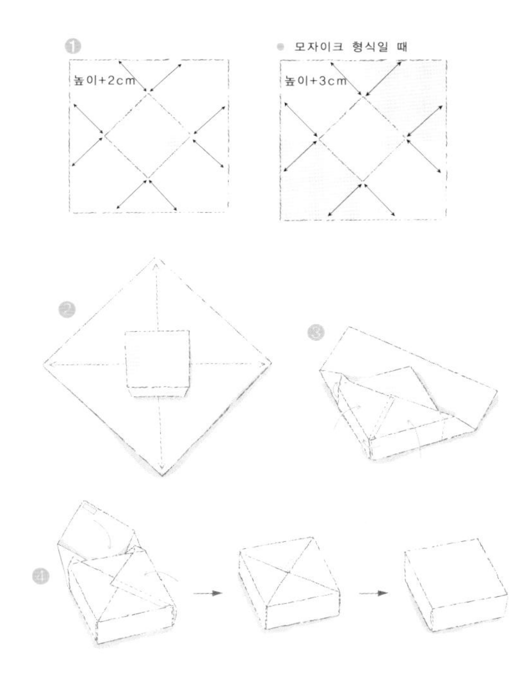

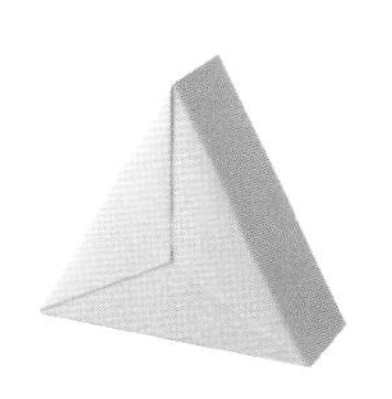

삼각 상자 캐러멜식 포장

1 포장지를 그림과 같은 크기로 재단한다.
2 포장지 한쪽에 시접 1㎝를 접은 뒤 포장지 중앙에 삼각 상자를 세워 놓고 상자를 포장지로 감싼 후 시접은 상자의 밑면에 오도록 한다.
3 상자를 눕히고 삼각 상자의 한쪽 모서리에 맞춰 포장지를 접어 올린다. 꼭지점을 기준으로 위로 올린 포장지를 안쪽으로 반 접는다.
4 ③과 같은 방법으로 포장지를 접어 넣은 윗면의 삼각 라인이 가운데에서 만날 수 있게 접은 후 양면테이프를 붙여 마무리 한다. 다른 한 면도 같은 방법으로 포장한다.

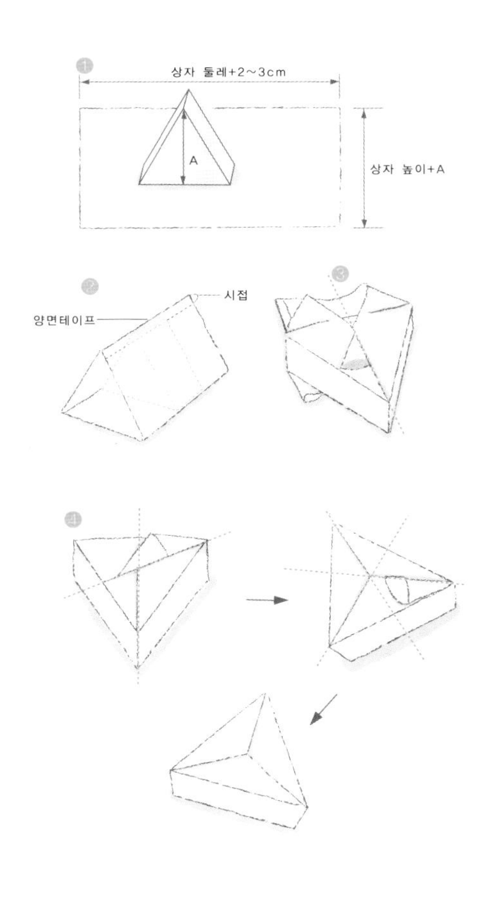

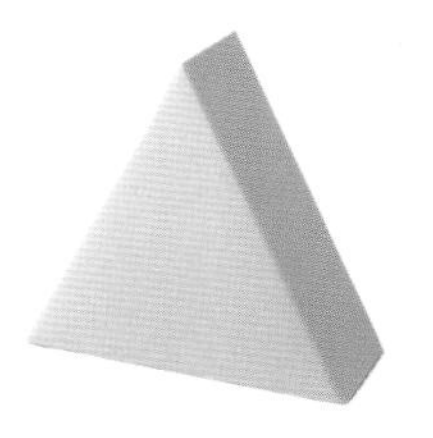

삼각 상자 보자기식 포장

1 포장지를 그림과 같은 크기로 재단한 후 포장지를 마름모 모양으로 두고 중앙에 삼각 상자를 올린다.
2 먼저 포장지의 아래쪽 꼭지점을 상자 위로 올려 싸는데, 양 옆의 모서리 시접은 상자의 옆면과 밀착되도록 직각으로 접고 위의 여분의 시접은 밑으로 내려 접는다.
3 포장지의 오른쪽 꼭지점을 위쪽으로 올려 감싸는데, 상자 밖으로 삐져 나가는 부분은 상자 옆면 모서리에 맞춰 안쪽으로 한 번 접어 넣고 다시 상자 윗면의 중심선에 맞추어 한쪽으로 접어 넣는다.
4 포장지의 남은 한쪽 면은 양쪽 모서리에 맞춰 직각으로 접어 올린다.
5 ③과 같은 방법으로 상자 윗면의 중심선에 맞춰 양쪽의 남은 면을 접고 세 선이 모두 상자의 중심에서 만나도록 한 뒤 양면테이프를 붙인다.

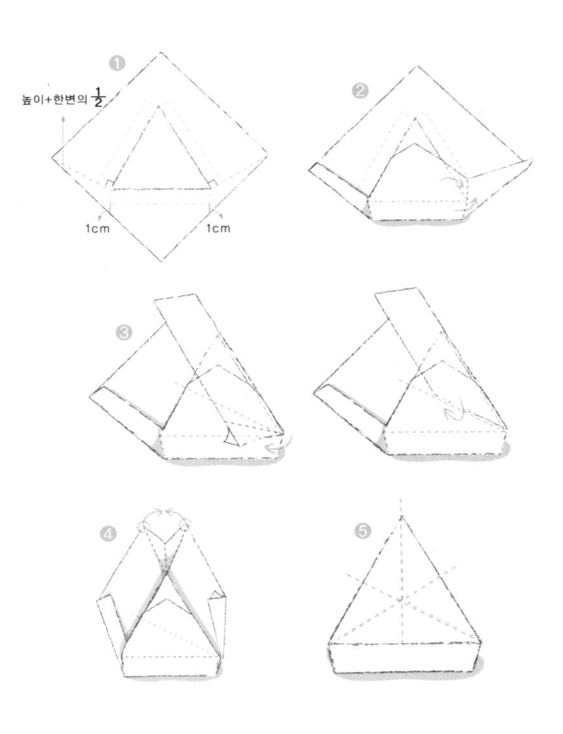

육각 상자 캐러멜식 포장

1 그림과 같은 크기로 포장지를 재단한다.
2 ①의 포장지 위에 상자를 세워 올리고 포장지 한쪽 끝에 시접 1㎝를 접은 뒤 상자 높이만큼 양면테이프를 붙인다.
3 육각 상자의 각 둘레에 포장지가 밀착되도록 모서리에 각을 잡아가며 붙인다.
4 상자를 똑바로 놓고 한 면씩 대적선을 향해 삼각형 모양이 되도록 접는다. 마지막 면도 같은 방법으로 접고 시접은 처음 접은 면 안쪽에 끼워 넣는다.
5 상자를 뒤집어서 ④와 같은 방법으로 접는다.

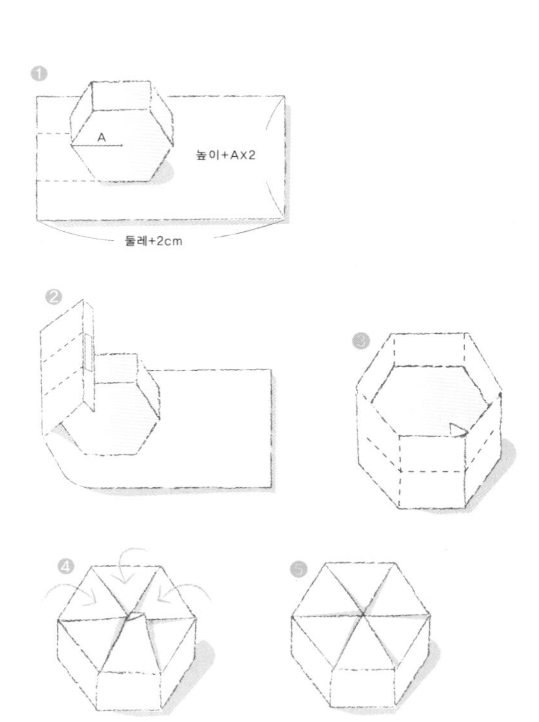

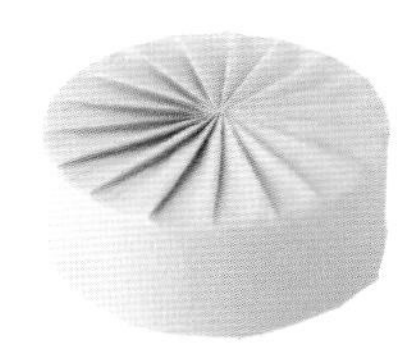

원통 캐러멜식 포장

1 포장지는 그림처럼 가로(지름+높이)×세로(둘레+2㎝)를 재단한다.
2 포장지의 중앙에 원통 상자를 눕히고 포장지 한쪽 끝에 1㎝ 시접을 접은 다음 원통의 높이만큼 양면테이프를 붙이고 원통 상자를 포장지로 감싼다.
3 양쪽 시접을 삼각형 모양으로 안쪽으로 접는다.
4 원의 중심을 향해 삼각형 모양이 되도록 손으로 주름을 잡아가면 빙 둘러 접고 마지막 시접은 처음 접은 주름 밑으로 넣는다.
5 아랫 면도 ③~④와 같은 방법으로 접어 포장을 마무리한다.

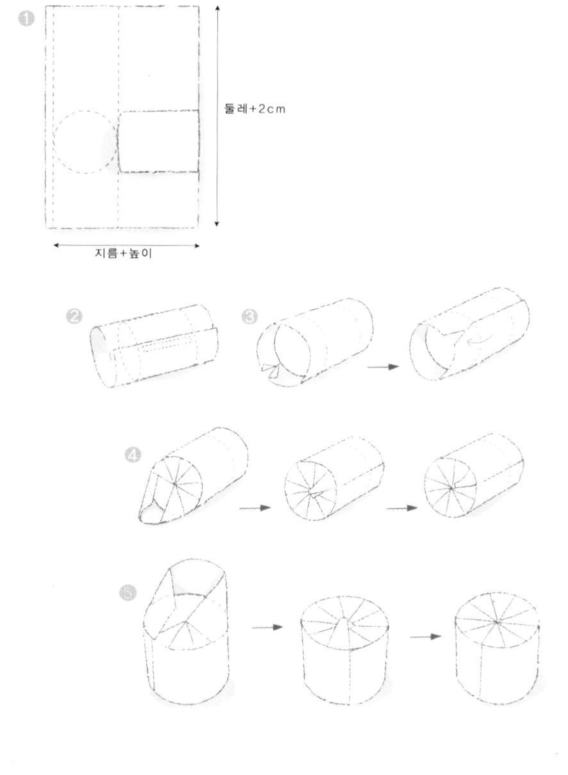

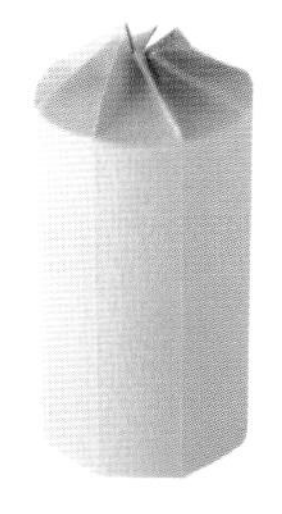

원통 바람개비 포장

1 포장지는 그림처럼 가로(지름+높이)×세로(둘레+2㎝)를 재단한 뒤 양쪽 1㎝씩 시접을 두고 안으로 접는다.
2 양쪽 시접을 제외하고 가로를 정확히 8등분해 접는다.
3 ②의 포장지 시접 부분에 원통 상자의 길이만큼 양면테이프를 붙이고 중앙에 원통 상자를 올린 뒤 포장지로 원통 상자를 감싼다.
4 ②의 접은 선을 따라 그림처럼 접는데, 접은 포장지의 끝이 원의 중심에서 만나도록 하면서 한 방향으로 접어 바람개비 모양을 만든다.
5 반대쪽도 ④와 같은 방법으로 접어 마무리한다.

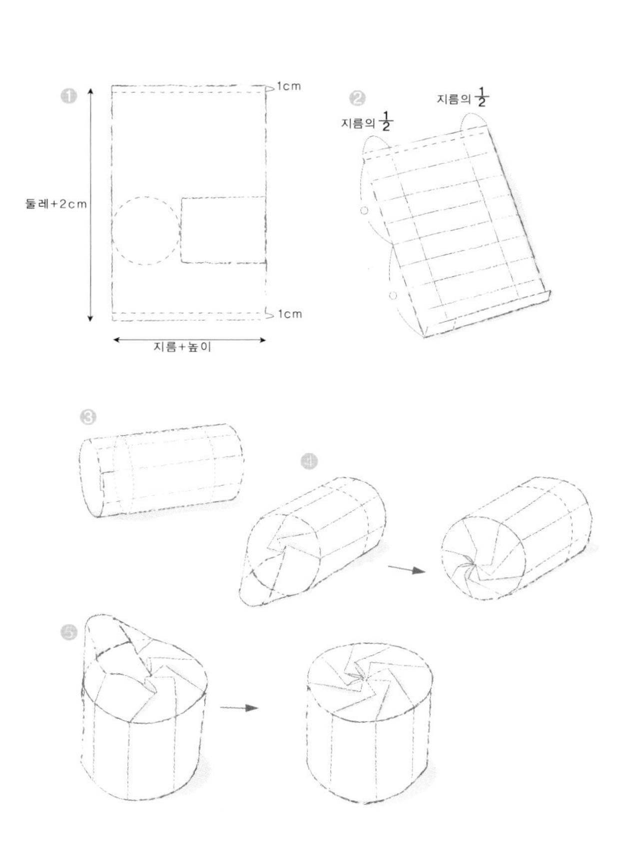

원통 회전식 포장

1 포장지는 그림과 같은 크기로 재단한다.

2 포장지를 마름모 모양으로 두고 포장지의 한쪽 꼭지점 위에 원통 상자를 올린다. 이때, 원통의 약 $\frac{1}{3}$ 지점과 포장지의 꼭지점이 만나도록 올린다.

3 원통 한쪽 옆을 주름 잡아 나가는데, 주름 끝이 한 점에서 만나도록 접는다.

4 반 정도만 주름 잡고 원통을 굴려가며 포장지가 원통의 모서리에 맞게 접는다.

5 반대쪽도 ③~④와 같은 방법으로 접는다.

6 포장지 끝에 양면테이프를 붙이고 원통을 끝까지 굴려 포장지를 원통에 붙여 마무리한다.

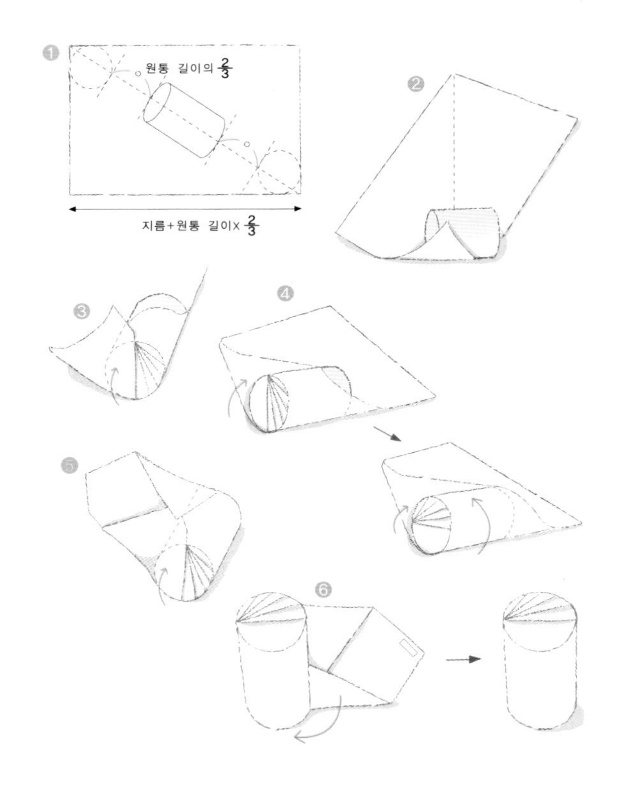

봉투 만들기 1

1 포장지는 그림과 같이로 재단한다. 포장지 한쪽 끝에 양면테이프를 붙인 다음 점선을 따라 양 옆이 M자 모양이 되도록 접는다.

2 봉투 폭의 약 2배 못 되게 밑부분을 접어 올린다.

3 접어 올린 부분의 양 옆을 안쪽으로 접어 밑면이 육각형 모양이 되도록 한 후 위쪽 시접은 점선을 따라 접어 내린다.

4 밑부분 시접에 1㎝ 시접을 더 접고 양면테이프를 붙인다.

5 점선을 따라 접어 올려 밑면의 양 옆이 Y자 모양이 되도록 고정한다.

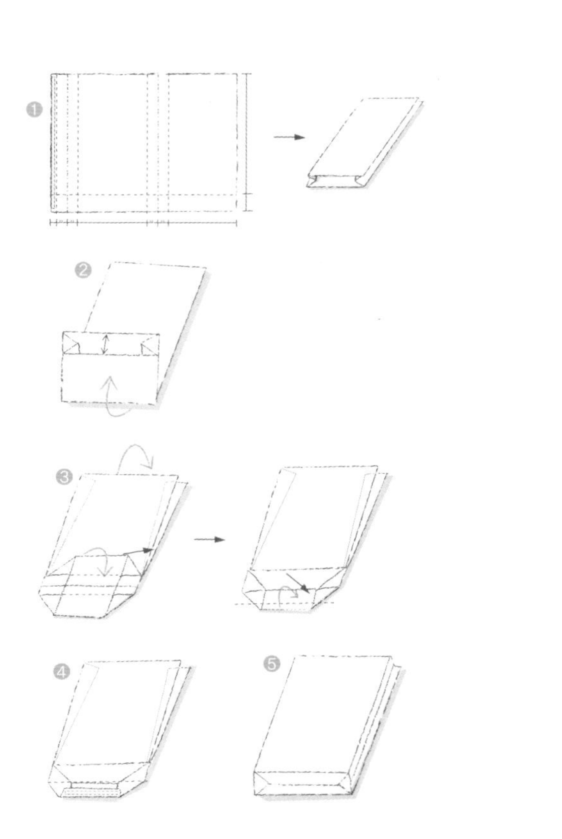

봉투 만들기 2

1 한쪽 옆과 밑에 시접을 두고 종이를 재단한다.

2 옆쪽 시접에 양면테이프를 붙이고 재단한 종이를 반 접어 붙인다.

3 두 장 중 위쪽 시접은 잘라내고 밑의 시접은 양 끝을 사선으로 잘라낸다.

4 밑부분 시접에 양면테이프를 붙이고 시접을 접어 올려 봉투 모양을 완성한다.

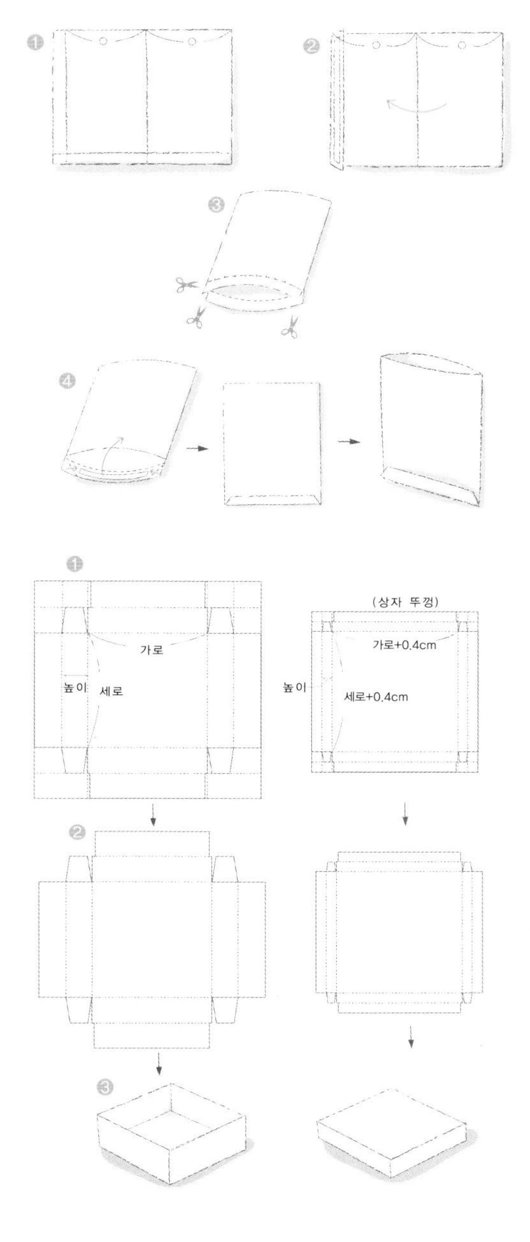

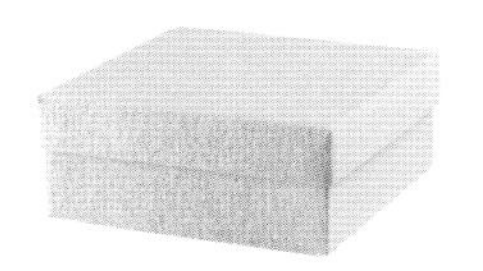

상자 만들기

1 그림처럼 종이 위에 상자 본체와 뚜껑의 도면을 그린다.

2 ①의 도면은 실선을 따라 가위로 잘라낸다.

3 점선을 따라 접어 상자 본체와 뚜껑을 완성한다.

상자 커버링

1 커버링할 상자의 본체와 뚜껑의 가로와 세로, 높이의 길이를 각각 잰 다음 시접 1.5㎝를 두고 커버링할 포장지에 도면을 그린다.

2 ①의 도면의 실선을 따라 가위로 오려낸다.

3 문구용 풀을 이용하여 ②의 재단한 포장지를 각각 상자와 뚜껑에 커버링한다.

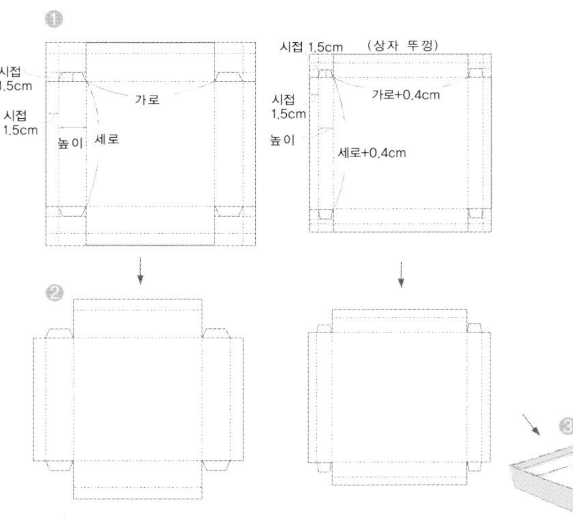

싱글 보

1 리본을 크로스한다.
2 아래쪽 리본으로 보를 만든다.
3 위쪽 리본으로 보를 돌려 감아 고리 안에 끼우고 리본을 뺀 후 잡아당긴다.

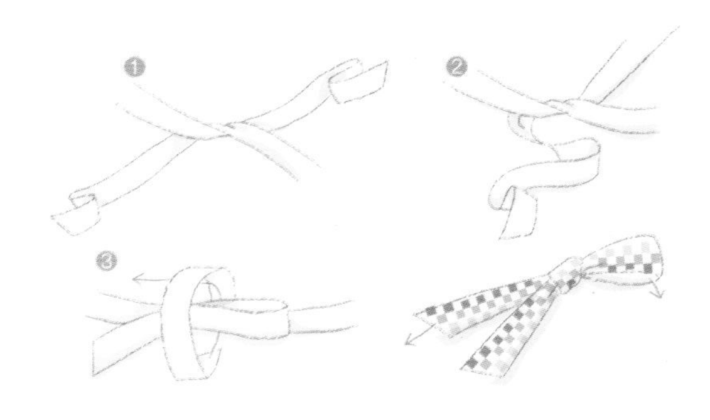

나비 보

1 리본을 크로스한다.
2 아래쪽 리본으로 보를 만든다.
3 위쪽 리본으로 보를 돌려 감아 고리 안에 끼우고 다른 보를 만든다.

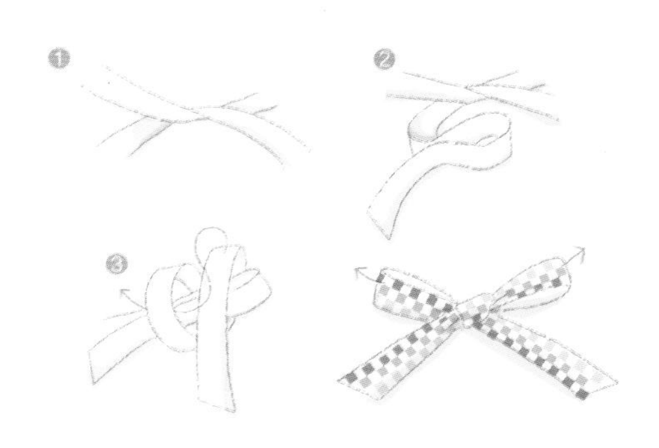

트리플 보

1 리본을 크로스한다.
2 아래쪽 리본으로 왼쪽 보와 오른쪽 보를 하나씩 만든다.
3 위쪽 리본으로 보를 돌려 감아 고리 안에 끼우고 다른 보를 하나 더 만든다.
4 양쪽 보를 잡아당겨 알맞은 크기로 만든다.

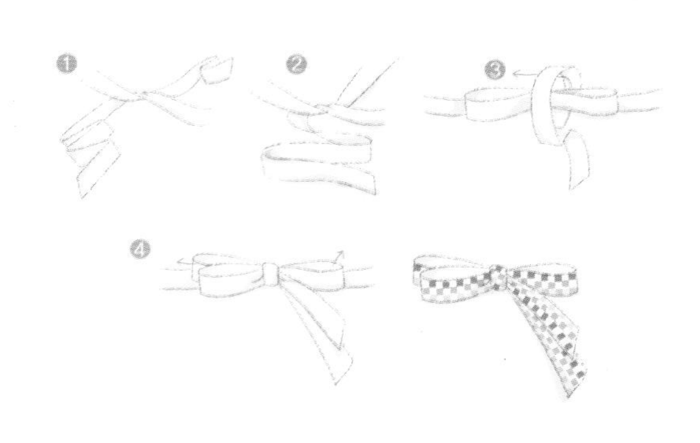

포 보

1 리본을 크로스한다.
2 아래쪽 리본으로 오른쪽 보와 왼쪽 보를 만들고 다시 오른쪽 보를 하나 더 만든다.
3 위쪽 리본으로 보를 돌려 감아 고리 안에 끼우고 왼쪽 보를 하나 더 만든다.
4 양쪽 보를 잡아당겨 알맞은 크기로 만든다.

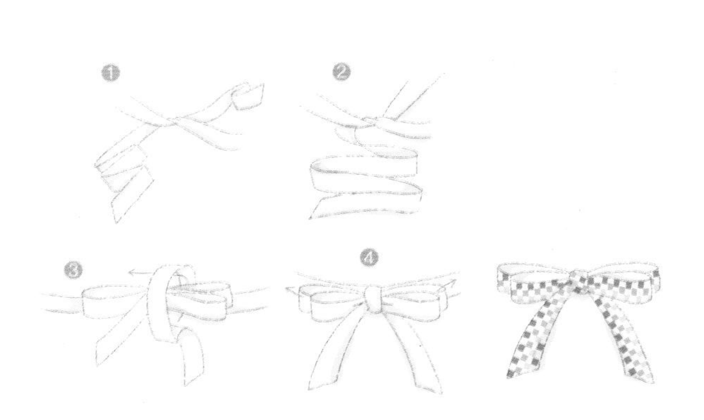

평범한 포장에 리본 하나만 예쁘게 만들어 올려도 선물은 한결 돋보이게 마련이다. 포장 전문가 솜씨 못지않은 포장을 하고 싶다면 보 만드는 방법부터 배워보자. 다양한 보의 연출로 선물에 변화를 줄 수 있는 센스 만점의 포장 노하우.

코사지 보

1 리본 한쪽 끝으로 작은 고리를 만든 다음 리본을 180° 꼰다.
2 오른쪽에 보를 만든 다음 다시 리본을 180° 꼬고 왼쪽에 보를 만든다.
3 같은 방법으로 보를 여섯 개 만든 다음 가 리본을 꼰 가운데 부분을 와이어로 고정한다.
4 보를 예쁘게 모양 잡는다. 포장에 따라 보를 더 많이 만들어도 된다.

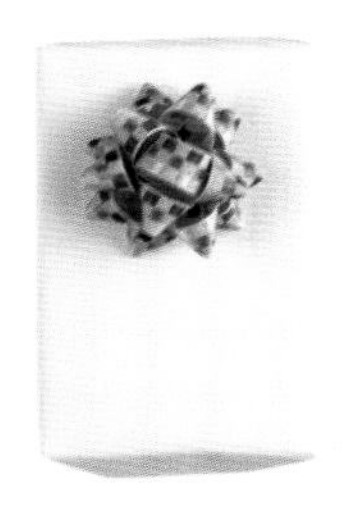

스타 보

1 리본을 한 번 꼬아 보를 만든다.
2 ①의 보 맞은편에 같은 방법으로 리본을 꼬아 보를 만들고, ①의 보 옆쪽으로 보를 하나 더 만든다.
3 같은 방법으로 6개의 보가 별 모양이 되도록 보를 만든다.
4 ③의 보 위에 ③의 보보다 작은 크기로 보를 6개 더 만드는데, ③의 보 사이사이에 보가 배치되도록 하고 가운데에 작은 고리를 만든다.
5 고리에서 이어지는 리본은 짧게 자르고 보가 풀어지지 않도록 맨 위의 고리 안쪽에 스테이플러로 고정한다.

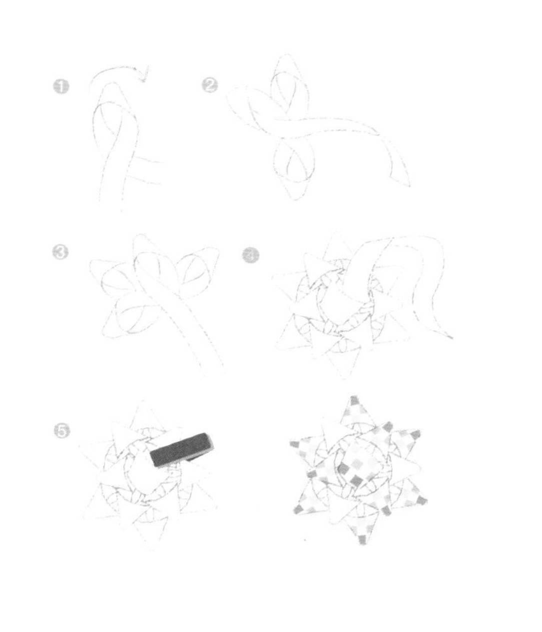

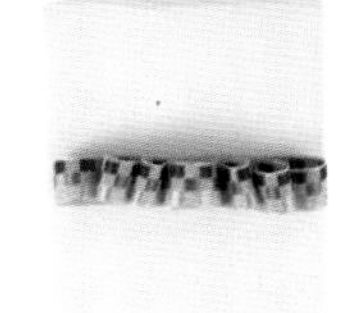

웨이브 보

1 리본 한쪽 끝으로 작은 고리를 만든다.
2 ①의 리본으로 오른쪽에 보 하나 왼쪽에 보 하나를 만들고 반복해 보를 각각 3개씩 만든다.
3 스테이플러를 이용해 보가 풀어지지 않도록 고정한다.
4 ①에서 만든 고리에 양면테이프를 붙여 스테이플러 자국이 보이지 않도록 마무리한다.

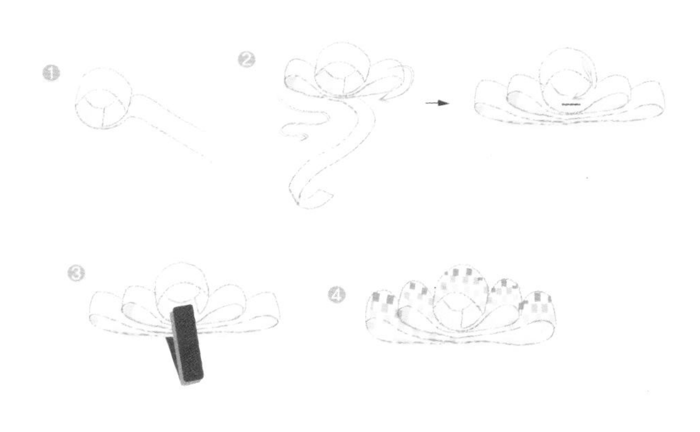

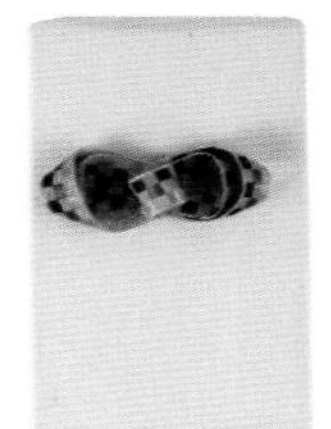

엘레강트 보

1 리본 한쪽 끝으로 작은 고리를 만든 다음 오른쪽에 보를 만드는데, 리본을 한 번 꼬아 보를 만든다.
2 같은 방법으로 왼쪽 보를 만들고 반복해 오른쪽과 왼쪽 보를 각각 2개씩 만든다.
3 스테이플러를 이용해 보가 풀어지지 않도록 고정한다.
4 ①에서 만든 고리에 양면테이프를 붙여 스테이플러 자국이 보이지 않도록 마무리한다.

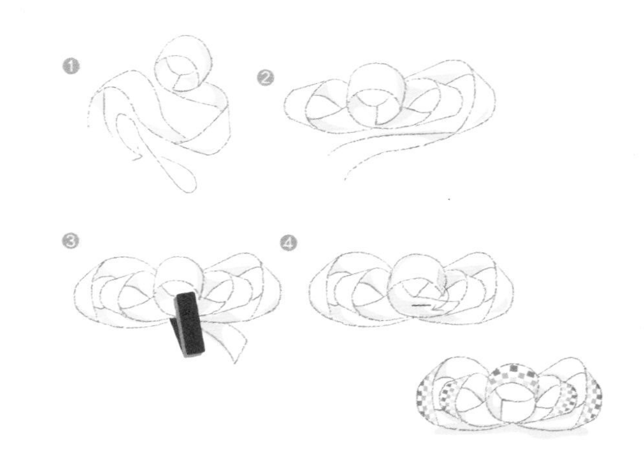

8자 보

1 리본을 한 번 돌려 감아 고리를 만든다.
2 반대쪽도 ①과 같은 방법으로 리본을 돌려 감아 고리를 하나 더 만든다.
3 보 가운데를 와이어로 고정하여 8자 모양이 되도록 한다.

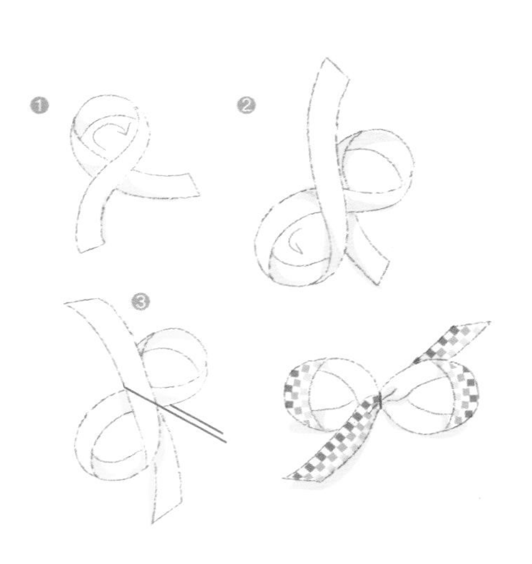

폼폰 보

1 리본으로 고리를 만드는데, 원하는 보 크기의 2배 정도 크기로 큼직하게 고리를 만든다.
2 ①의 고리에 겹치면서 고리를 8개 만든 다음 고리의 가운뎃부분에 리본 폭의 $\frac{1}{3}$ 정도만 남기고 양쪽을 가위로 잘라 홈을 만든다.
3 ②의 홈에 와이어를 묶어 고정한다.
4 위쪽의 겹쳐진 고리를 좌우로 하나씩 빼내면서 예쁘게 모양을 잡는다.
5 겹쳐진 반대쪽 고리도 좌우로 하나씩 빼내어 전체적으로 동그란 모양의 보를 완성한다.

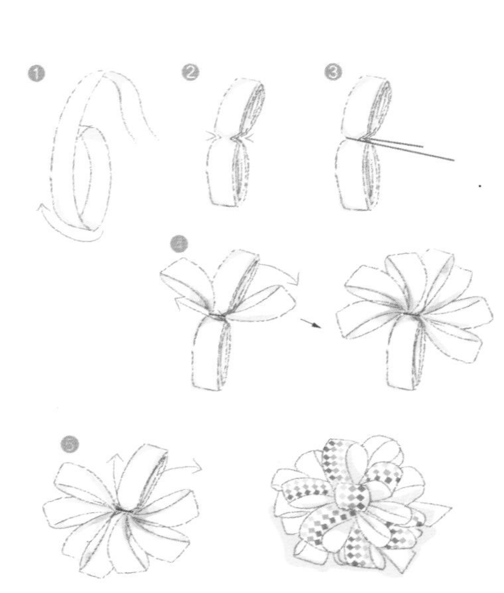

03 Basic Techniques 3

예쁜 포장을 위한 리본 매기

기본 리본 매기 기법 몇 가지만 익혀 둔다면 어떤 선물 포장이라도 다양하게 변화를 줄 수 있다. 특별할 것 없는 포장지에 색다른 리본 매기로 포인트를 주어보자. 남부럽지 않은 화려한 포장을 연출할 수 있는 기본 리본 매기 기법을 소개한다.

일자 매기

1 리본을 상자에 한 바퀴 두른다.
2 리본을 서로 엇갈리게 크로스한다.

십자 매기

1 리본을 상자에 세로로 한 바퀴 두른다.
2 리본을 상자 앞에서 직각이 되도록 서로 교차시킨 뒤 한쪽 리본만 상자에 가로로 한 바퀴 두른다.
3 ②의 상자를 두른 리본은 그대로 두고 위쪽의 리본을 리본이 교차된 부분 아래쪽으로 넣고 대각선방향으로 뺀다.

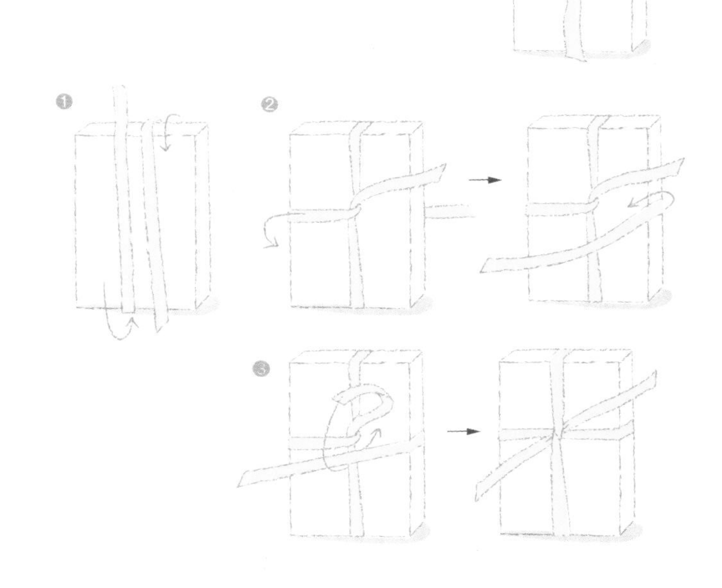

삼각 매기

1 상자에 리본을 두 번 돌려 감아 상자 앞쪽에 리본이 석 줄이 생기도록 한다.
2 왼쪽 리본을 옆의 리본 두 줄 밑으로 집어넣는다.
3 왼쪽 리본과 오른쪽 리본을 양 옆으로 잡아당겨 상자에 리본이 단단히 감기도록 한다.
4 리본으로 보를 만들고 위쪽과 아래쪽 리본 두 줄의 사이를 벌려 모양을 잡는다.

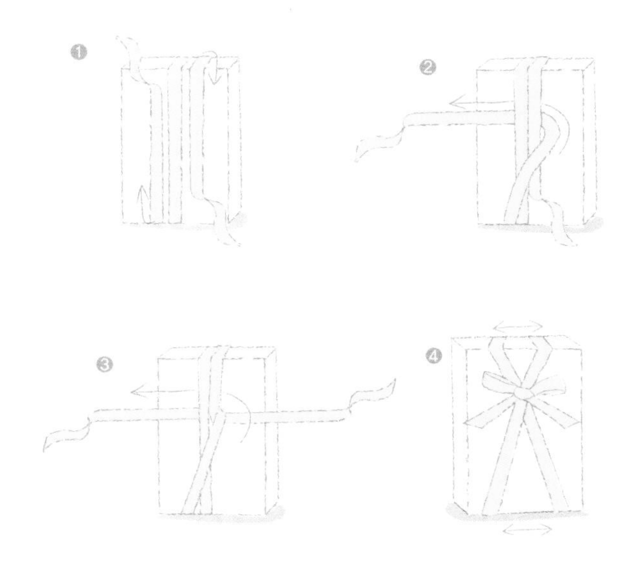

사선 매기

1 리본을 상자의 위쪽 중앙에 두고 뒤로 넘긴 뒤 상자의 오른쪽으로 나오도록 감는다.
2 ①의 감은 리본을 상자의 아래쪽으로 오게 한 뒤 다시 뒤로 보낸다.
3 ②의 리본을 상자의 왼쪽으로 나오도록 뺀다.
4 ③의 리본과 앞쪽에 남아 있던 리본을 서로 교차시킨다.
5 두 리본을 잡아당겨 단단히 고정한다.

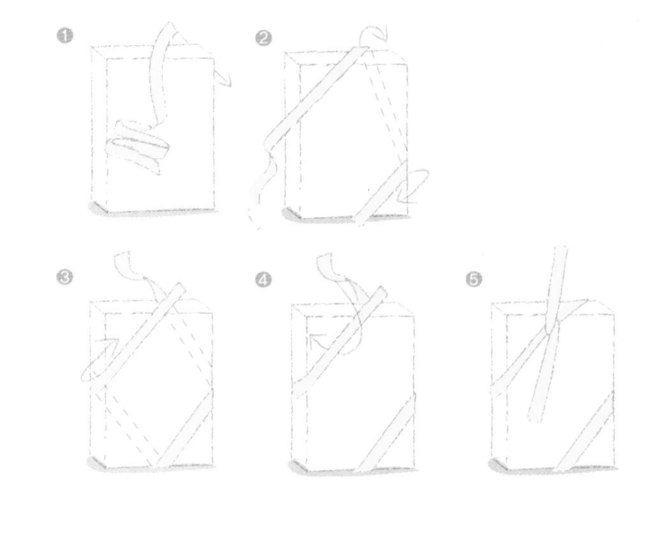

사선 3개 매기

1 리본을 상자 오른쪽 가운데 두고 뒤쪽으로 돌려서 상자 위쪽 중앙에 오도록 한다.
2 ①의 리본을 앞으로 뺀 뒤 상자 왼쪽 중앙에서 다시 뒤쪽으로 보낸 후 상자 오른쪽 뒤에서 앞으로 뺀다.
3 리본을 다시 상자 오른쪽 아래 모퉁이를 감아 뒤쪽으로 보낸 다음 상자 왼쪽 중앙으로 뺀다.
4 두 리본을 교차시켜 묶는다.

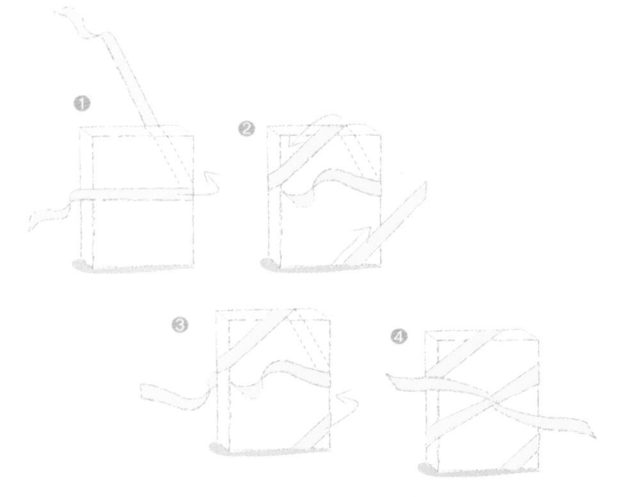

사선 매기 응용

1 위의 '사선 매기' ①~⑤와 같은 방법으로 사선 매기를 하는데, 상자의 뒤쪽에서 마무리되도록 상자를 뒤집어 두고 사선 매기를 한다.
2 교차된 리본은 상자 앞쪽으로 오도록 뒤에서 앞으로 넘긴다.
3 상자를 앞으로 돌리고 위쪽에 만들어진 사선과 두 줄의 리본이 모두 겹쳐지도록 아래쪽 리본을 위쪽에 만들어진 사선에 끼워 넣어 크로스한다.

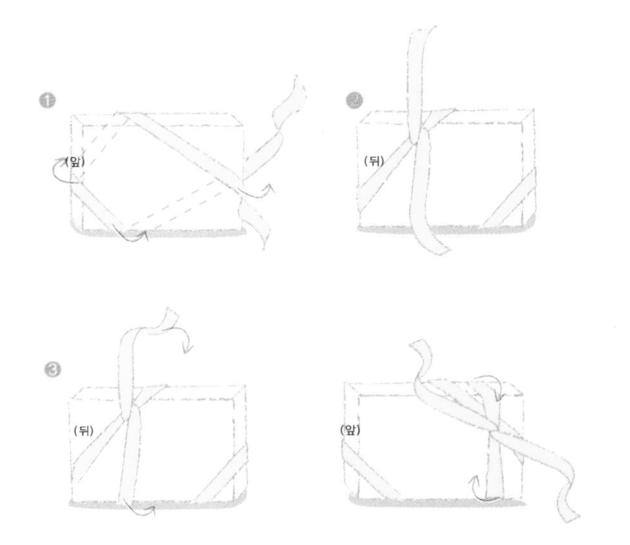

더블 사선 매기

1 리본을 상자의 위쪽 중앙에 두고 뒤로 넘긴 뒤 상자의 왼쪽으로 나오도록 감는다.
2 ①의 감은 리본을 상자의 아래쪽으로 오게 한 뒤 다시 뒤로 보낸다.
3 ②의 리본을 상자의 오른쪽으로 나오도록 빼고 상자 위쪽으로 보낸다.
4 ①에 남아 있던 리본을 상자 왼쪽 앞에서 뒤로 보낸 다음 상자 상자 아래쪽으로 뺀다.
5 ④의 리본을 상자 아래쪽에서 왼쪽으로 오게 한 뒤 뒤로 보낸다.
6 ⑤의 리본을 상자 위쪽 뒤에서 앞으로 보낸 다음 위에 남아 있던 리본과 교차시켜 묶는다.

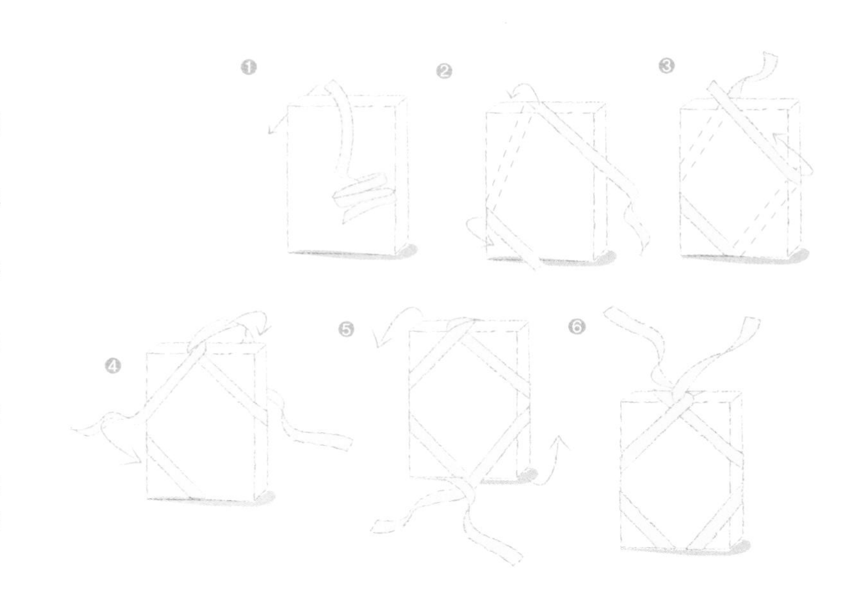

Z자 매기

1 리본을 상자의 위쪽 중앙에 두고 뒤로 넘긴 뒤 상자의 오른쪽으로 나오도록 감고 상자의 아래쪽으로 오게 한 뒤 다시 뒤로 보낸다.
2 ①의 리본을 상자의 왼쪽으로 나오도록 뺀다.
3 ①의 남아 있던 리본을 상자의 위에서 아래로 세로로 한 바퀴 감는다.
4 ③의 감은 리본을 앞으로 빼고 위쪽 리본이 교차된 부분 아래로 넣은 뒤 대각선으로 뺀다.
5 양쪽 리본을 잡아당겨 모양을 잡는다.

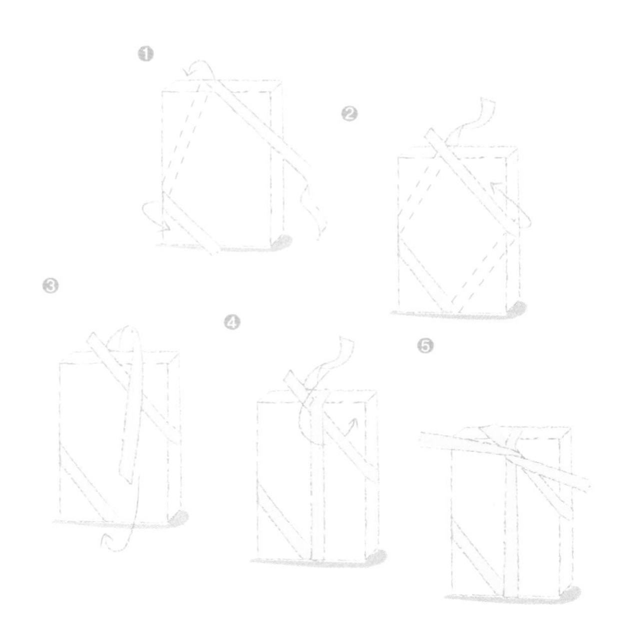

For Baby & Kids...

Part 1

무한대의 꿈을 담아서…

아이를 위한 선물 포장

마치 보물상자처럼 근사하게 포장된 선물을 받아들고 아이는 어떤 상상을 할까요? 아이의 눈, 코, 입이 벌어지며 감성지수가 치솟는 그 모습 자체만으로도 이미 선물 이상의 효과를 볼 수 있습니다. 돌잔치 선물, 생일 선물, 어린이날 선물 등 아이를 위해 준비한 당신의 선물이 보다 특별해질 수 있도록 예쁜 포장지를 고르고 재미있는 장식을 더해 아이의 눈길을 사로잡아 보세요. 사랑하는 아이에게 무한대의 꿈을 담아 주세요~

순백의 화이트 포장이 깔끔한 아기 선물 포장

출산, 백일, 돌 등 특별한 날을 위한 선물에는 아기를 닮은 순백색의 포장이 잘 어울린다. 축하하는 마음이 가득 담긴 나만의 선물 포장으로 주고받는 기쁨을 두 배로 만들어 보자. 밋밋한 포장보다는 잔잔한 무늬가 올록볼록 엠보싱 처리되어 있는 화이트 포장지를 선택해 캐러멜식 포장을 하고, 가운데 부분을 가는 오건디 리본으로 심플하게 한 줄 묶은 뒤 'BABY' 이니셜 장식을 붙여 아기자기한 재미를 준다. 심플하고 세련된 포장이 돋보이는 장식법.

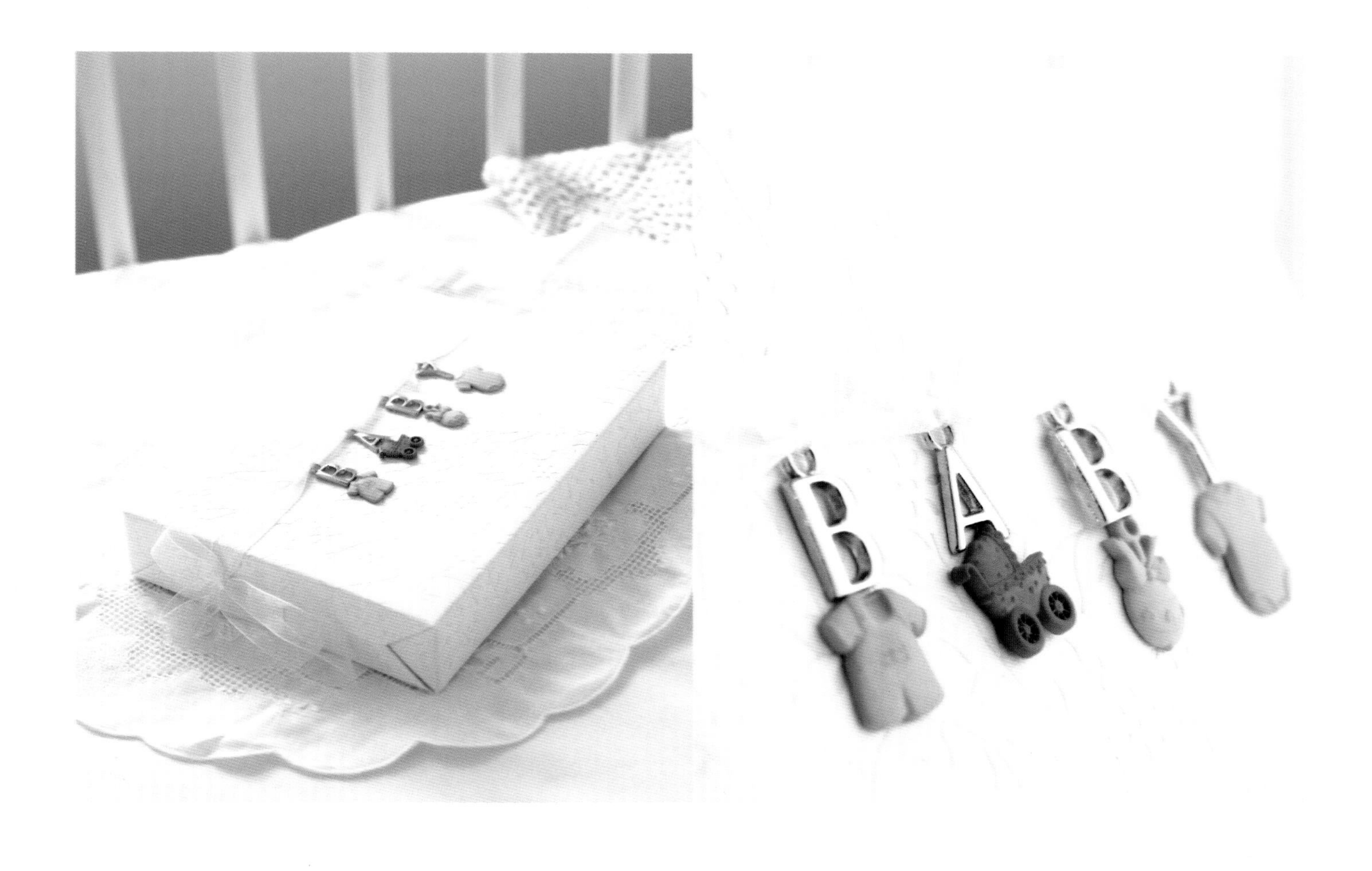

How To Wrapping

사각 상자, 화이트 엠보싱지, 1.5㎝ 폭 화이트 오건디 리본, 양면테이프, 이니셜 장식 고리

1 상자는 화이트 엠보싱지로 캐러멜식 포장(p18 참고)을 한다.
2 상자의 $\frac{3}{4}$ 정도 되는 부분에 화이트 오건디 리본을 한 바퀴 두르고 상자의 옆쪽에서 나비 보(p24 참고)로 마무리한다.
3 상자 앞 리본에 이니셜 장식 고리를 달고 각각의 장식 고리 단 부분에 오건디 리본을 짧게 잘라 묶는다.

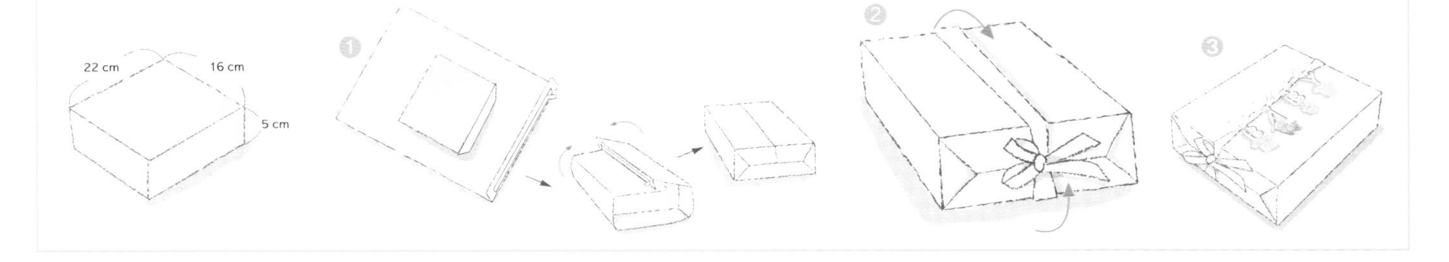

은은한 핑크 톤이 사랑스러운 사각 박스 3단 포장

여러 가지 선물을 준비했다면 상자 하나에 모두 넣는 것보다는 크기가 다른 각각의 상자를 하나씩 개별 포장한 후 리본으로 함께 묶는다. 손재주가 없는 사람도 이와 같은 간단한 포장으로 감동을 줄 수 있다. 핑크와 화이트 톤의 각기 다른 포장지를 준비해 각각의 상자를 포장하고, 전체를 아우르는 핑크 리본으로 한데 묶는다. 같은 컬러 톤의 하트 장식을 앞쪽에 하나 달았더니 한결 귀엽고 사랑스러운 포장이 완성됐다.

How To Wrapping ♥

♥ **다른 사이즈의 사각 상자 3개, 화이트 발포지, 핑크 하트 엠보싱지, 라이트 핑크 스타드림지, 3.5㎝ 폭 핑크 오건디 리본, 하트 장식, 양면테이프**

1 각기 다른 사이즈의 상자를 준비하고 큰 것은 엠보싱지로, 중간 것은 발포지로, 작은 것은 스타드림지로 각각 캐러멜식 포장 (p18 참고)을 한다.

2 상자를 크기대로 쌓은 후 핑크 오건디 리본으로 상자 양 옆을 한 바퀴 둘러 위쪽에서 나비 보(p24 참고)로 마무리한다.

3 리본 가운데에 하트 장식을 매달아 완성한다.

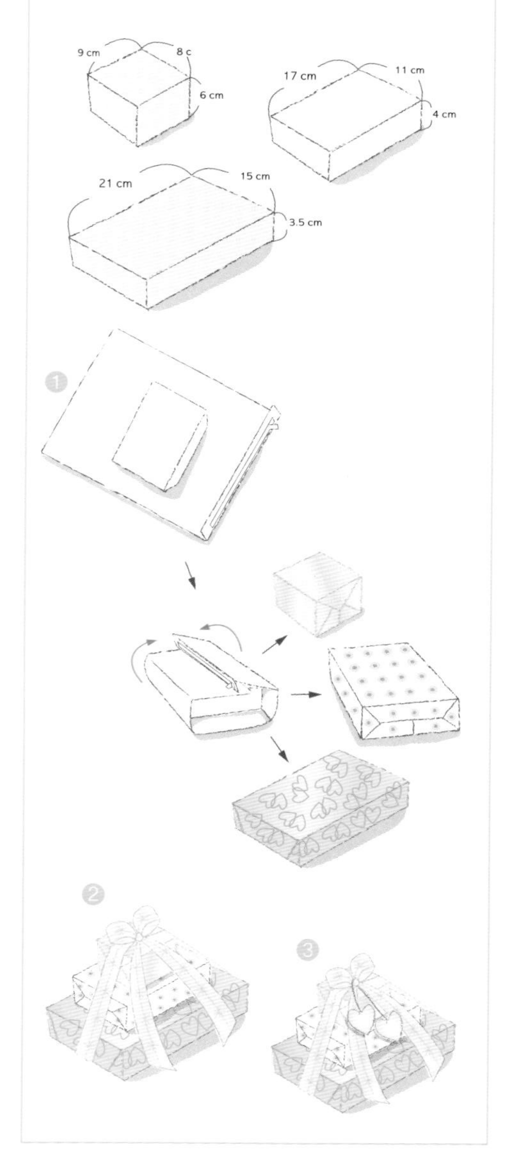

단색 포장지와 체크 리본의 산뜻한 조화

단색 포장지를 사용할 때는 다양한 컬러를 매치한 리본 포장을 이용해 보자. 받는 사람이 좋아할 만한 컬러 포장지를 선택해 상자를 깔끔하게 포장한 뒤 하나의 리본 안에 두세 가지 컬러가 매치된 체크 리본으로 포인트를 주었다. 단색 포장지와 컬러풀 리본을 매치할 때는 포장지와 같은 컬러가 하나쯤 섞인 리본을 선택하는 것이 세련된 매치법. 그다지 특별할 것 없는 포장이지만 리본의 컬러 하나로 특별한 선물이 된다.

How To Wrapping

사각 상자 3개, 레자크지(옐로 · 그린 · 핑크), 2㎝ 폭 새틴 체크 리본, 양면테이프

1 세 개의 상자를 각각 옐로, 그린, 핑크 톤의 레자크지로 캐러멜식 포장(p18 참고)을 한다.
2 새틴 체크 리본을 넉넉한 길이로 준비해 십자 매기(p27 참고)를 한다.
3 상자 크기만한 나비 보(p24 참고)로 묶어 마무리한다.

금방이라도 날아오를 듯 나비무늬가 인상적인 종이백 포장

아이들에게 줄 선물이라고 하여 아이 취향에 맞게 알록달록한 캔디 컬러 포장지를 선택해야 하는 것은 아니다. 특별한 날에는 고급스러운 분위기가 느껴지는 포장지로 아이 선물을 더욱 돋보이게 만들어 보자. 나비무늬가 새겨진 고급스러운 포장지를 이용해 상자 포장과 함께 종이백 모양의 봉투 포장을 더한다. 봉투 안쪽에는 얇은 핑크 종이를 넣어 고급스러운 이미지를 살린다. 종이백 포장은 아이의 궁금증을 한층 불러일으킨다.

How To Wrapping

사각 상자, 나비 프린트 엠보싱지, 양면테이프, 펀치, 리본테이프

1 상자는 나비 프린트 엠보싱지로 캐러멜식 포장(p18 참고)을 한다.
2 p22를 참고하여 나비 프린트 포장지 안쪽에 봉투 만들기 1의 전개도를 그린 후 봉투를 만든다.
3 손잡이 부분에 펀치로 구멍을 뚫은 뒤 리본테이프를 끼워 손잡이를 만든다.

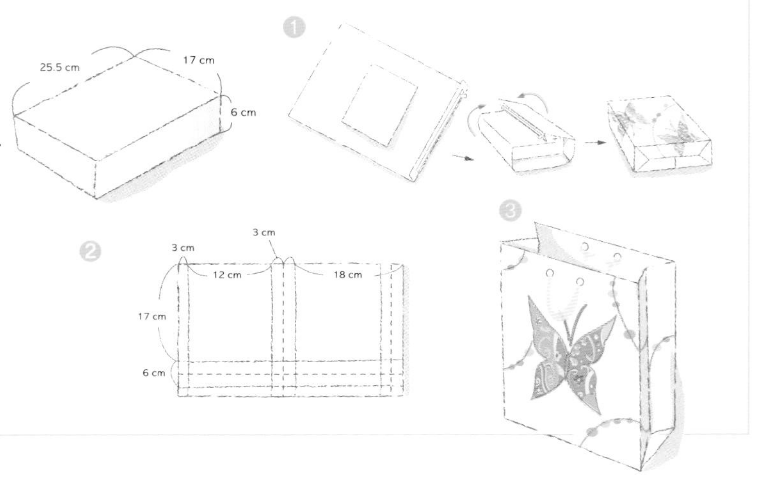

How To Wrapping

사각 상자 2개, 옷 그림 엠보싱지(핑크 · 블루), 2.5㎝ 폭 공단 레이스 리본(핑크 · 블루), 양면테이프

1 사각 상자는 옷 그림 엠보싱지로 캐러멜식 포장(p18 참고)을 한다.
2 ①의 상자 위에 새틴 레이스 리본으로 사선 매기(p28 참고)를 한다.
3 나비 보(p24 참고)로 묶어 마무리한다.

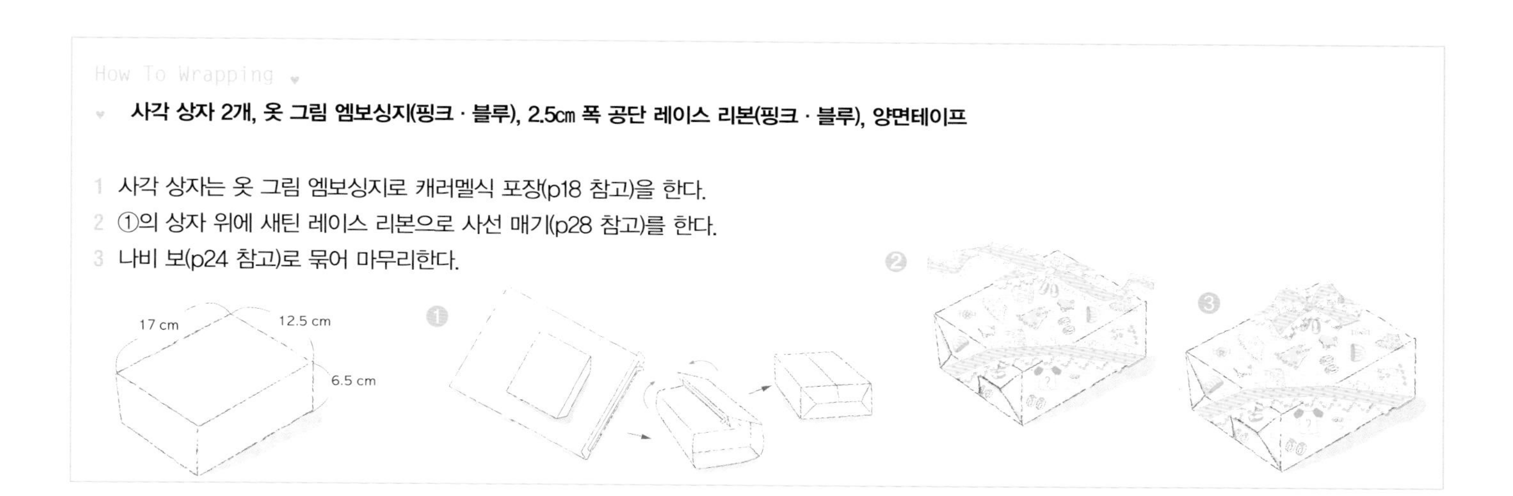

내용물을 암시하는 포장지에 귀여운 레이스 리본을 매치한 아이 옷 포장

아이들의 시선을 붙잡을 만한 센스 있는 포장 노하우를 배워보자. 평범한 포장보다는 아이들이 맘에 쏙 들어할 만한 재미난 디자인이 좋을 듯. 포장지와 리본의 선택이 중요한데, 옷 그림이 아기자기하게 프린트된 포장지를 선택해 캐러멜식 포장을 하고, 앙증맞은 레이스 리본으로 한층 귀여움을 살린다. 블루 포장지에는 블루 리본을, 핑크 포장지에는 핑크 리본을 매치해 산뜻하면서 깔끔하게 마무리한다.

핑크 컬러 톤온톤 매치가 은은한 포장

눈에 띄는 포장을 하려면 포장지와 리본의 컬러를 보색 대비로 하는 것이 좋지만, 은은한 감각의 단정한 포장을 원한다면 톤온톤 컬러를 매치하자. 핑크 톤 포장지 위에 화이트와 핑크 리본을 함께 매치해 은은하고 잔잔한 감각을 살렸다. 또한 리본은 한 가지만 사용하는 것이 아니라 핑크 새틴 리본과 화이트 망사 리본을, 화이트 망사 리본과 털실을 매치해 은은하고 고급스러운 이미지를 더했다.

How To Wrapping

포장 1

사각 상자, 핑크 아트지, 3.5cm 폭 화이트 오건디 리본, 털실, 양면테이프

1 상자는 핑크 아트지를 이용해 보자기식 포장(p19 참고)을 한다.

2 화이트 오건디 리본 위에 털실을 겹친 후 상자에 세 번 둘러 감고 일자 매기(p27 참고)를 한다.

3 리본 세 줄을 함께 묶고 나비 보(p24 참고)로 마무리한다.

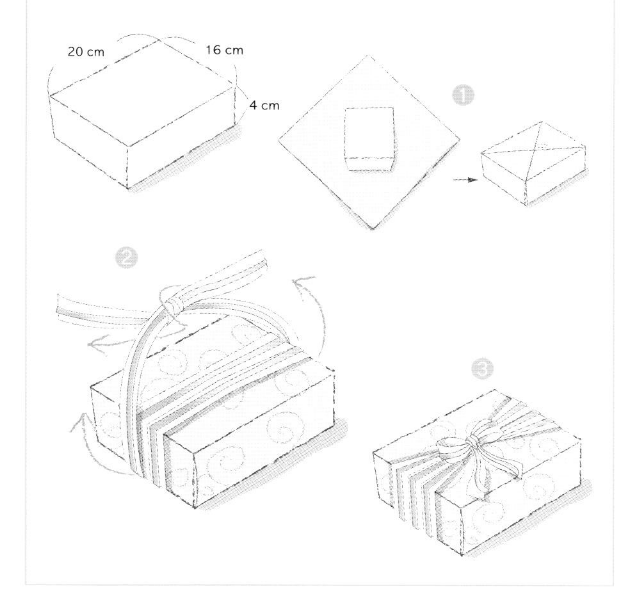

"하늘하늘한 화이트 오건디 리본에
부드러운 컬러 털실을 매치하여
은은한 감각을 살린 리본 보 연출…
아이 선물을 포장할 때는 부드러운 인상을 주는
단아한 포장이 제격이다."

How To Wrapping

포장 2

뚜껑 있는 정사각 상자, 핑크 아트지, 3.5cm 폭 핑크 공단 리본, 3cm 폭 화이트 오건디 리본, 필름지, 양면테이프

1 상자 뚜껑은 사방 2㎝씩 남기고 가운데 부분을 도려내 창을 만든다.

2 p23 상자 커버링을 참고하여 상자와 상자 뚜껑을 핑크 아트지로 커버링한다.

3 상자 안에 신발을 넣고 뚜껑 안쪽에 필름지를 붙여 뚜껑을 덮는다. 핑크 공단 리본으로 사선 매기(p28 참고)를 한 다음 나비 보(p24 참고)로 마무리한다. 리본 보 가운데 부분에 화이트 오건디 리본을 엮는다.

4 화이트 오건디 리본으로 나비 보를 만들어 마무리한다.

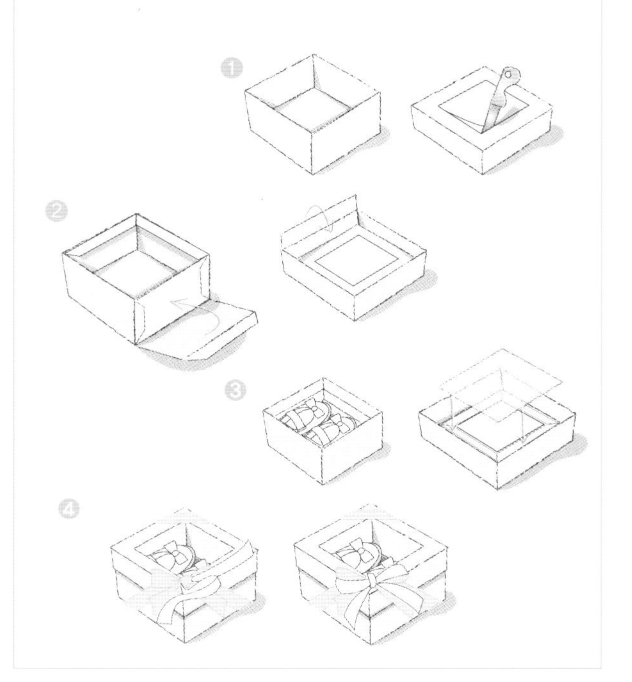

오리 인형 장식으로 생생함 더하는 내추럴 포장

은은하고 고급스러운 포장을 원한다면 내추럴 분위기의 포장을 선택하는 것도 좋은 방법. 나뭇잎 모양이 잔잔하게 프린트된 베이지 톤의 포장지로 캐러멜식 포장을 하고 그린 컬러 지끈을 사용해 상자를 한 바퀴 빙 둘러 묶는다. 그리고 지끈의 여밈 부분 위에 오리 인형을 하나 붙여 아기자기한 재미를 더했다. 알록달록한 포장은 아니지만 내추럴하면서도 개성을 살린 포장으로 아이들의 흥미를 끌기에 충분하다.

How To Wrapping

사각 상자, 나뭇잎 프린트 크래프트지, 지끈(연두색 · 초록색), 오리 인형, 양면테이프

1 상자는 나뭇잎 프린트 크래프트지로 캐러멜식 포장(p18 참고)을 한다.
2 준비한 연두색과 초록색 지끈을 겹쳐 상자 위쪽 $\frac{1}{3}$ 지점에 한 바퀴 돌려 묶는다.
3 지끈은 싱글 보(p24 참고)로 마무리한다.
4 싱글 보 위에 양면테이프를 이용해 오리 인형을 붙여 마무리한다.

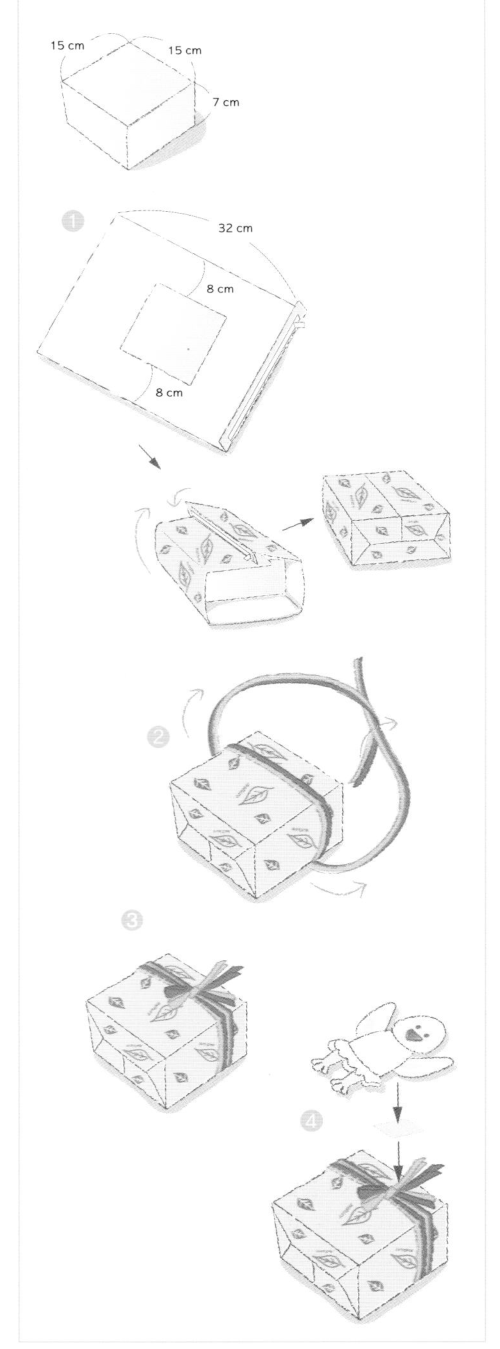

포장지 없이 리본만으로 개성 살린 박스 포장

포장지 대신 색색의 리본만으로도 개성 넘치는 포장이 완성된다. 오건디 · 공단 · 피콧 리본, 이렇게 소재와 형태가 서로 다른 세 가지 리본을 마련한다. 상자의 컬러에 맞춰 핑크와 화이트 컬러로 준비. 세 가지 리본을 겹쳐 핑크 상자 위쪽에서 코사지 보를 만든 후 다시 나비 보로 마무리한다. 보를 하나씩 펴서 풍성하게 만드는 것이 포인트.

How To Wrapping

핑크 사각 상자, 3cm 폭 화이트 공단 리본, 2cm 폭 핑크 오건디 리본, 핑크 와이어 피콧 리본

1 공단 리본과 오건디 리본, 피콧 리본을 겹친 후 그림처럼 상자에 십자 매기(p27 참고)를 한다.
2 오건디 리본과 와이어 피콧 리본을 겹쳐 코사지 보(p25 참고)를 만든 후 ①의 상자 위에 올린다.
3 ①의 리본으로 코사지 보를 묶고 나비 보(p24 참고)로 마무리한다.
4 ①의 리본은 짧게 자르고 코사지 보는 풍성하게 모양을 살린다.

화이트와 핑크 매치 포장에 네이비 컬러 리본으로 포인트를!

리본 매기가 밋밋하게 느껴질 때는 포인트 컬러 하나를 선택한다. 핑크 스트라이프 포장지로 캐러멜식 포장을 한 상자 위에 화이트 공단 리본과 가는 네이비 컬러 리본을 겹쳐 십자 매기하고 화이트 리본으로 나비 보를 만들어 묶는다. 그다지 특별할 것 없는 포장에 네이비 컬러 하나를 더했더니 한결 산뜻하고 눈길 끄는 포장이 되었다. 이처럼 포인트 컬러 리본을 사용할 때는 곁들이는 정도로만 사용하는 것이 효과적이다.

How To Wrapping

사각 상자, 핑크 스트라이프 아트지, 2cm 폭 화이트 골지 스티치 리본, 0.3cm 폭 네이비 공단 리본, 양면테이프, 천사 모양 태그

1 상자는 핑크 스트라이프 아트지를 이용해 캐러멜식 포장(p18 참고)을 한다.
2 골지 스티치 리본과 공단 리본을 겹쳐 상자에 십자 매기(p27 참고)를 한 후 공단 리본은 짧게 자른 다음 나비 보(p24 참고)로 마무리한다.
3 골지 스티치 리본으로 나비 보를 두 번 더 묶는다.
4 ③ 위에 천사 모양 태그를 달아 마무리한다.

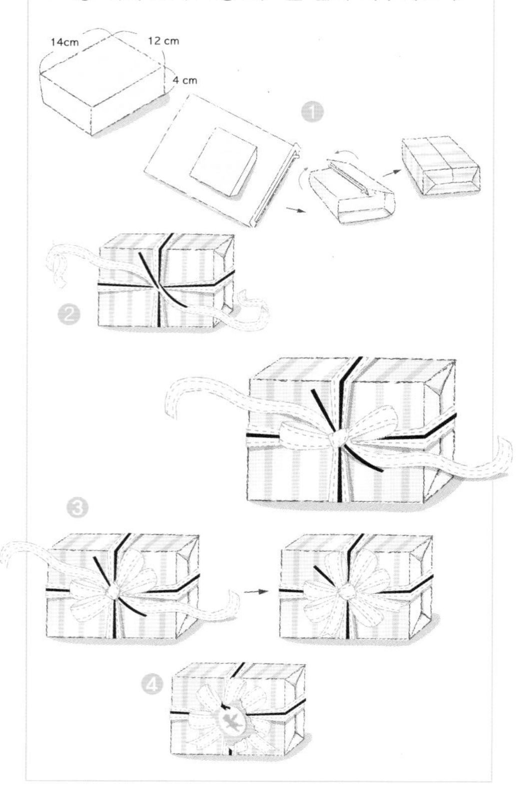

How To Wrapping

사각 상자, 동물 그림 아트지, 부직포(핑크 · 보라), 2.5cm 폭 공단 리본(핑크 · 보라), 양면테이프, 핑킹 가위

1 동물 그림 아트지로 캐러멜식 포장(p18 참고)을 한다.

2 부직포는 10㎝ 폭으로 두 번 접는다.

3 ①의 상자 가운데에 ②의 부직포를 돌려 감싼 후 공단 리본으로 묶고 나비 보(p24 참고)로 마무리한다.

4 핑킹 가위로 그림처럼 부직포를 자르는데, 앞쪽과 뒤쪽의 부직포가 1㎝ 정도 차이 나게 잘라 풍성함을 더한다.

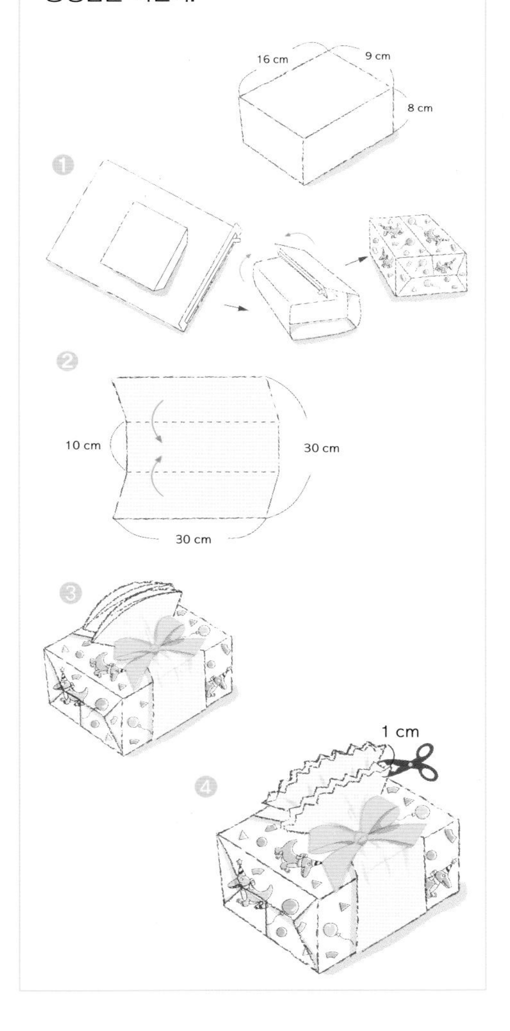

부직포를 이용해 캔디 모양으로 마무리!

아이를 위해 좀 더 아기자기한 포장을 하고 싶을 때는 부직포의 구겨지는 성질을 이용, 캔디 모양을 연출해 보자. 상자를 포장한 후 상자 가운데 부분에 부직포를 한 번 돌려 감아 이중으로 포장한다. 이때 부직포를 캔디 모양의 포장처럼 위로 올라오게 묶는 것이 포인트. 부직포와 같은 컬러의 리본을 묶어 고급스러운 이미지를 살린다. 부직포를 이용한 독특한 모양의 귀여운 포장은 아이들이 좋아하기 충분할 듯.

블루 & 레드의 강렬함이 호기심 불러일으키는 보색 대비 포장

영문 레터링이 아주 재미있게 프린트된 포장지에 원색 리본으로 톡톡 튀는 포장을 완성한다. 리본은 심플하게 나비 보로 마무리. 블루와 레드 리본 두 개를 사용해 마치 체크무늬처럼 상자에 엮어 묶었더니 한결 재미있는 포장이 되었다. 상자 가운데에 리본을 묶는 대신 이처럼 옆쪽으로 묶고, 또 한 줄의 리본을 사용하는 대신 서로 다른 컬러의 리본 두 줄을 사용하는 센스를 발휘해 보자. 원색으로 포장할 때는 포장지 컬러와 톤온톤의 리본을 사용하는 것이 완성도를 높이는 포장법이다.

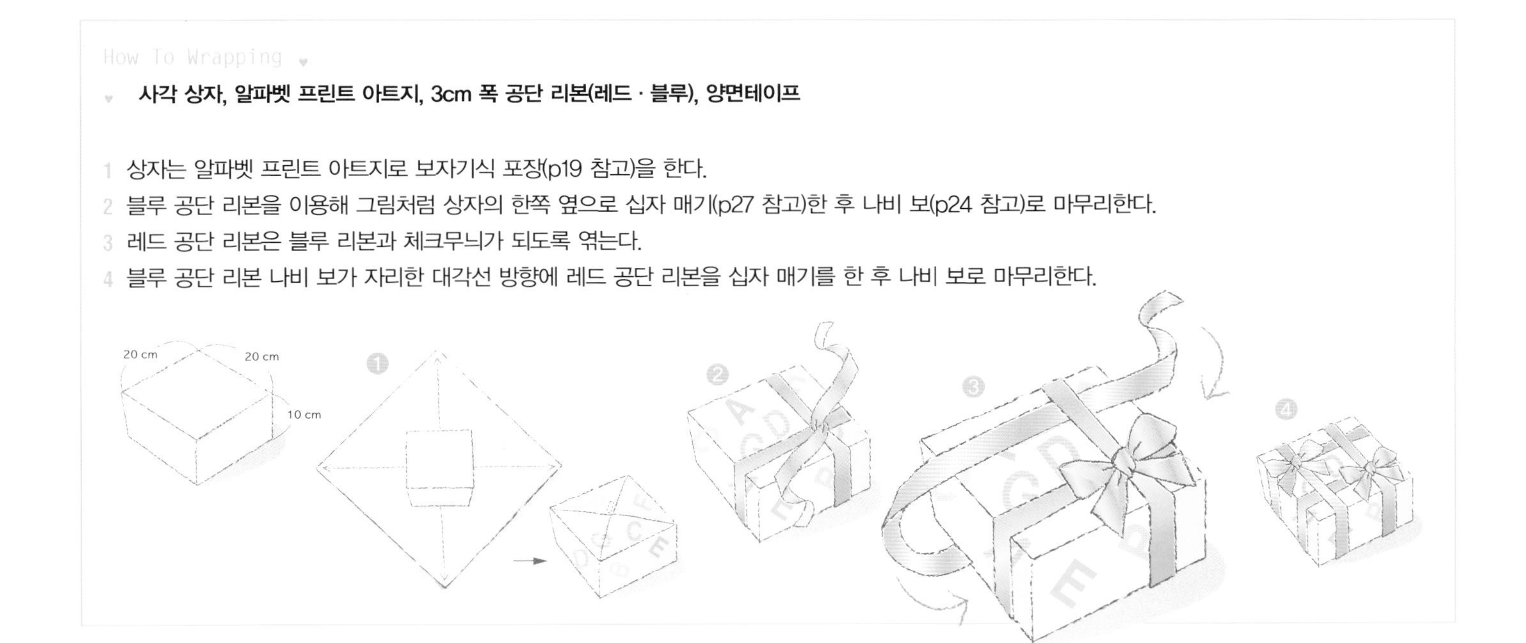

How To Wrapping

사각 상자, 알파벳 프린트 아트지, 3cm 폭 공단 리본(레드 · 블루), 양면테이프

1 상자는 알파벳 프린트 아트지로 보자기식 포장(p19 참고)을 한다.
2 블루 공단 리본을 이용해 그림처럼 상자의 한쪽 옆으로 십자 매기(p27 참고)한 후 나비 보(p24 참고)로 마무리한다.
3 레드 공단 리본은 블루 리본과 체크무늬가 되도록 엮는다.
4 블루 공단 리본 나비 보가 자리한 대각선 방향에 레드 공단 리본을 십자 매기를 한 후 나비 보로 마무리한다.

파스텔 톤의 폼폰 보가 인상적인 빅 박스 포장

여러 가지 선물을 상자 하나에 담거나 혹은 부피가 큰 선물을 할 때는 박스 또한 큼직한 것이 필요하다. 이때 보 또한 큼직하게 만들면 아주 재미있는 포장이 된다. 꽃무늬가 화려하게 프린트된 포장지로 상자를 포장한 뒤 포장지와 같은 컬러의 오건디 리본을 여러 개 겹쳐 폼폰 보를 풍성하게 만들어 장식한다. 큼직한 상자를 포장할 때는 폭이 넓은 리본을 선택하는 것이 좋다.

How To Wrapping

사각 상자, 꽃무늬 수입 아트지, 3.5cm 폭 오건디 리본(핑크 · 화이트 · 그린 · 오렌지 · 옐로 · 블루 등), 양면테이프

1 상자는 꽃무늬 수입 아트지로 캐러멜식 포장(p18 참고)을 한다.
2 오건디 리본을 모두 겹치고 상자에 한 바퀴 돌려 일자 매기(p27 참고)한 후 매듭짓는다.
3 오건디 리본을 겹쳐 폼폰 보(p26 참고)를 만든 후 ①의 오건디 리본의 매듭 위에 올리고 ①의 오건디 리본으로 묶어 마무리한다.
4 ③의 폼폰 보를 하나하나 펼쳐서 모양을 잡아 풍성하게 만든다.

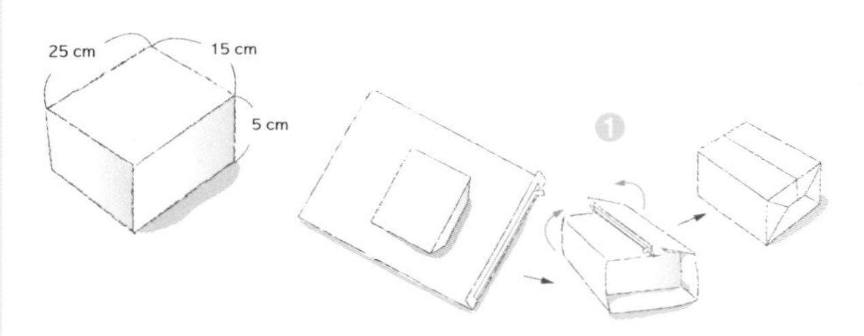

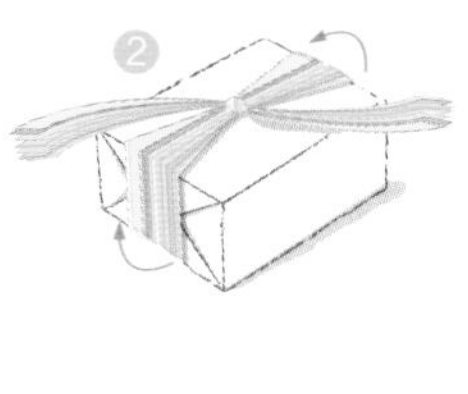

두 종류 리본의 조화가 앙증맞은 포장

화사한 컬러 매치는 대부분의 아이들이 좋아하게 마련. 노랑과 빨강 두 가지 컬러로 아이들이 좋아할 만한 산뜻한 포장을 해보자. 노랑 포장지로 박스를 포장한 뒤 빨강 골지 리본과 와이어 피콧 리본을 겹쳐 코사지 보를 만든 후 박스에 올려 마무리한다. 노랑과 빨강으로 산뜻한 이미지를 살린 박스 포장은 아이 방 한켠에 그냥 두고 봐도 재미있는 소품이 될 수 있다.

How To Wrapping

사각 상자, 꽃 프린트 노랑 아트지, 1.5cm 폭 빨강 골지 리본, 와이어 갈런드 피콧 리본, 양면테이프

1. 상자는 꽃 프린트 노랑 아트지로 보자기식 포장(p19 참고)을 한다.
2. 빨강 골지 리본으로 ①의 상자에 십자 매기(p27 참고)를 한다.
3. 빨강 골지 리본과 와이어 갈런드 피콧 리본을 겹쳐 코사지 보(p25 참고)를 만든다.
4. ③의 코사지 보를 ②의 십자 매기한 매듭 위에 올리고 나비 보(p24 참고)로 마무리한다.

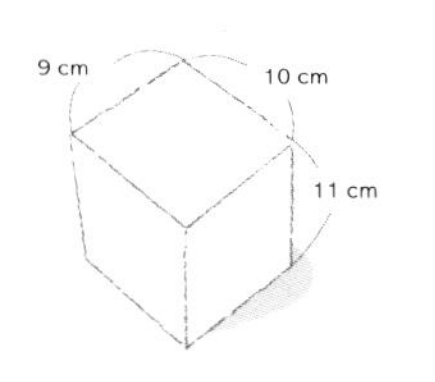

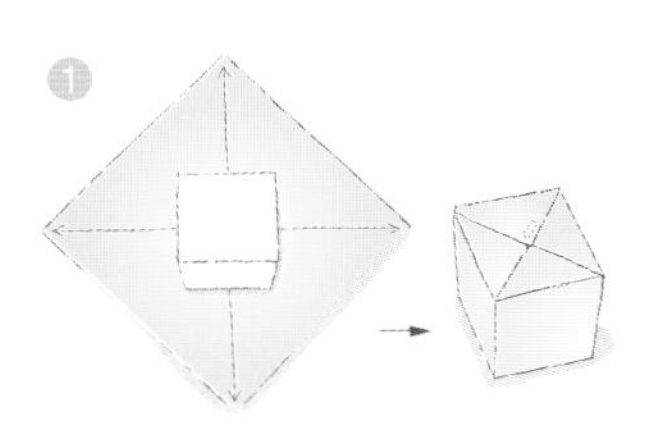

자동차 액세서리 장식으로 설렘 자극하는 장난감 박스 포장

남자 아이들에게 가장 많이 선물하는 것이 자동차나 로봇 등의 장난감이 아닐까…. 상자를 재미나게 포장한다면 아이가 한결 좋아할 것이다. 아이가 좋아하는 컬러로 상자를 예쁘게 포장하고 리본과 함께 자동차 모양의 액세서리를 달면 내용물의 힌트를 주는 동시에 아기자기한 포장의 멋도 살릴 수 있다.

How To Wrapping

사각 상자, 그린 벨벳 발포지, 0.3㎝ 폭 금사 스티치 공단 리본, 자동차 모양 액세서리, 양면테이프

1 상자는 그린 벨벳 발포지로 캐러멜식 포장(p18 참고)을 한다.
2 공단 리본을 두 줄로 겹쳐 상자 위에 십자 매기(p27 참고)한다.
3 두 줄의 공단 리본이 겹치지 않도록 간격을 준 후 나비보(p24 참고)로 마무리한다.
4 리본 끝 부분에 자동차 모양 액세서리를 붙여 장식한다.

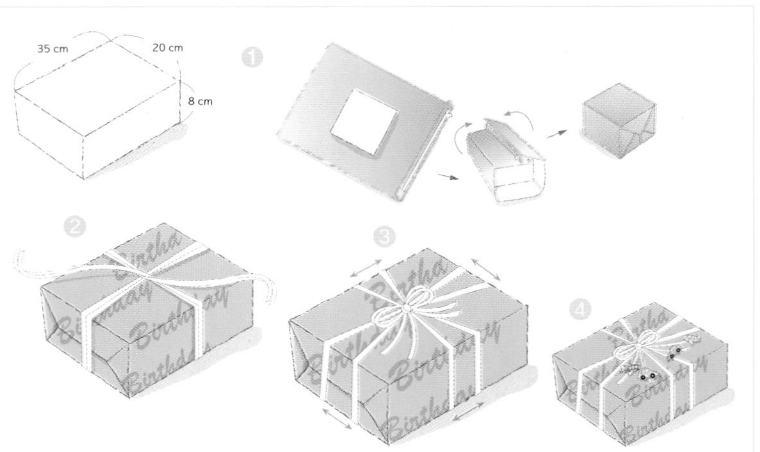

내용물의 형태를 깔끔하게 살린 육각 상자 포장

물건의 형태를 살리는 것 뿐만 아니라 보다 색다른 포장을 원할 때에도 육각 상자 포장법 하나쯤 익혀 두면 좋을 듯하다. 육각 상자를 깔끔하게 포장하고 리본은 상자의 옆면을 빙 둘러 묶은 다음 포 보를 만들고 리본을 길게 늘어뜨린다. 리본 위에 앙증맞은 아이 양말을 붙여 재미를 더한다.

How To Wrapping

육각형 상자, 아이보리 아트지, 와이어 오건디 리본, 아기 양말, 양면테이프

1 p20을 참고하여 상자는 아트지로 육각 상자 캐러멜식 포장을 한다.

2 와이어 오건디 리본으로 상자 옆면에 일자 매기(p27 참고)한다.

3 와이어 오건디 리본을 적당한 길이로 잘라 포 보(p24 참고)를 만들어 ②의 오건디 리본 위에 올리고 나비 보(p24 참고)로 마무리한다.

4 길게 늘어뜨린 리본에 아기 양말을 집게로 고정해 재미를 더한다.

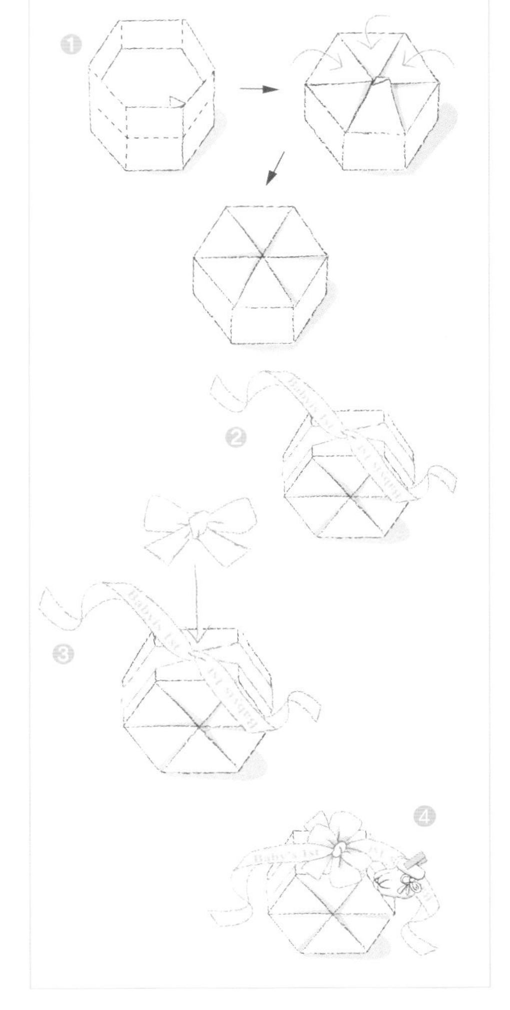

알록달록 예쁜 포장지와 부직포로 만든 우산 모양 포장

아이들이 흥미를 느낄 만한 선물을 하고 싶다면 포장부터 색다르게 해보자. 종이를 부채꼴 모양으로 자른 다음 둥글게 말아 고깔 모양으로 만들고, 부직포도 종이보다 길게 잘라 같은 모양으로 만든 다음 종이 안에 넣는다. 그리고 안쪽에 선물을 넣은 다음 부직포의 입구를 리본으로 묶고 부직포와 종이가 맞닿는 부분은 리본으로 감싸 마무리한다. 이렇게 만든 우산 모양의 선물 포장은 장난감보다 한결 흥미를 불러일으킨다.

How To Wrapping

무늬지(도트 · 물결무늬 · 꽃무늬), 부직포(연두색 · 하늘색 · 핑크), 1㎝ 폭 골지 리본(핑크 · 그린 · 도트 · 스트라이프), 양면테이프

1 도트 무늬지를 70° 각도의 부채꼴 모양으로 재단한 뒤 한쪽 면에 길게 양면테이프를 붙이고 둥글게 말아 고깔 모양이 되도록 한다.

2 ①의 고깔 모양으로 만든 무늬지 안쪽 3㎝ 정도 되는 부분에 양면테이프를 붙인다. 연두색 부직포를 무늬지보다 길게 잘라 반 접은 다음 둥글게 말아 고깔 모양이 되도록 하고 ①의 안에 넣어 붙인다.

3 부직포 안쪽에 선물을 넣고 스트라이프 골지 리본으로 위쪽을 나비 보(p24 참고)로 묶는다.

4 무늬지와 부직포가 이어지는 부분에 골지 리본을 한 번 둘러 붙인다.

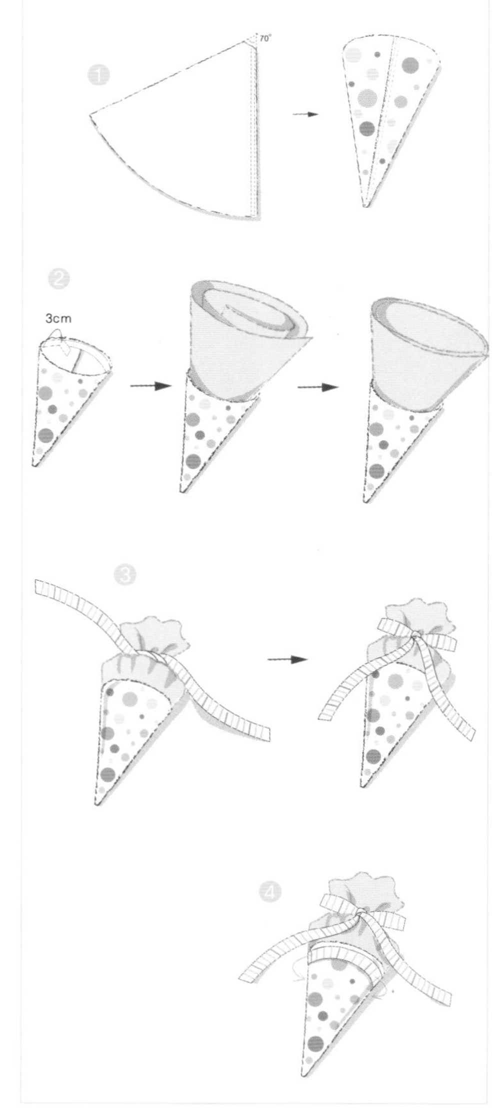

노방 천을 꽃처럼 만들어 장식한 캔디 병 포장

모양 예쁜 초콜릿이나 사탕을 유리병에 담아 선물할 때는 내용물이 보이도록 포장해도 예쁘다. 유리병 전체를 포장하지 말고 뚜껑만 포장해 보자. 하늘하늘한 노방 천으로 뚜껑을 감싸고 천을 위쪽으로 묶어 마치 활짝 핀 꽃처럼 연출한다. 색색의 캔디와 노방 천이 조화를 이루는 예쁜 캔디 포장. 아이들 선물이나 우리 집을 찾은 손님에게 하나씩 나눠 주는 선물로 마련해 봐도 좋을 듯하다.

How To Wrapping

뚜껑 있는 유리병 3개, 노방 천(핑크 · 블루 · 화이트), 1㎝ 폭 하트 장식 오건디 리본(핑크 · 블루 · 화이트), 핑킹 가위, 캔디

1 노방 천을 둥근 모양으로 자른 다음 유리병 뚜껑을 중앙에 올리고 천을 위쪽으로 올려 오건디 리본으로 묶는다. 천은 다른 컬러로 두 겹 겹쳐서 뚜껑을 싸도 좋다.

2 노방 천 위쪽을 핑킹 가위로 잘라 모양을 낸다.

3 유리병에 캔디를 담고 ②의 뚜껑을 덮는다.

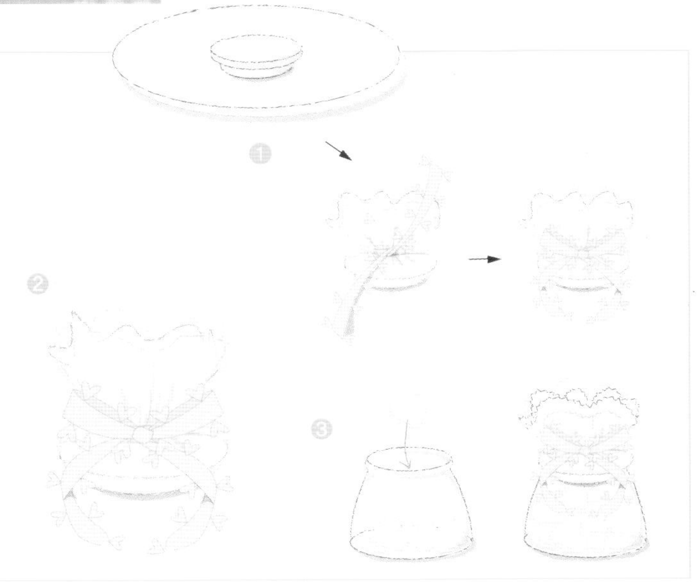

For Teenager...

Part 2

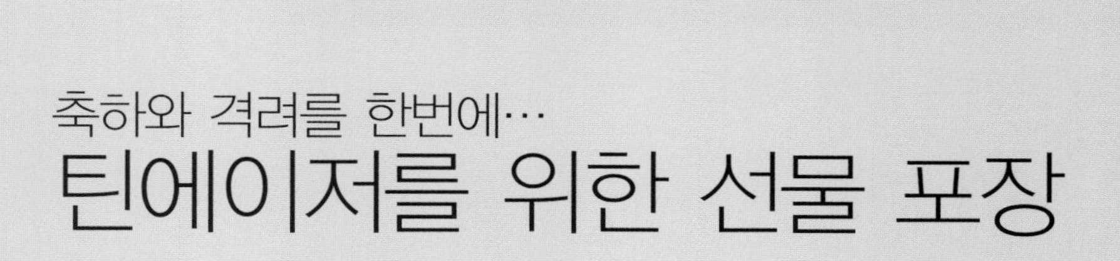

축하와 격려를 한번에…

틴에이저를 위한 선물 포장

남들과는 뭔가 다른 것, 보다 특별한 것을 원하는 '싱싱' 틴에이저. 각자의 개성과 취향이 느껴지는 그들만의 톡톡 튀는 아이디어에 주목해 보세요. 입학과 졸업, 입시, 사춘기, 성년식 등 한 계단 한 계단 고비를 넘어야 하는 그들에게 격려와 믿음이 가득 담긴 당신의 선물이 때론 인생의 특별한 순간이 되기도 합니다.

박스의 높이와 톤온톤 컬러 매치가 잘 어울리는 사각 포장

단색으로 심플하게 포장할 때는 포장지와 리본을 톤온톤으로 매치하면 한결 세련되고 산뜻하게 연출할 수 있다. 무늬가 없는 깔끔한 옅은 그린 컬러 포장지로 상자를 포장하고 짙은 그린 컬러 리본으로 보를 만들어 매치한다. 오렌지 포장지에는 옐로 공단 리본으로 보를 만들어 매치했더니 세련되면서 고급스러운 분위기를 자아낸다.

How To Wrapping ♥

♥ **사각 상자, 연두 엠보싱지, 2㎝ 폭 초록 공단 리본, 양면테이프**

1 상자는 연두 엠보싱지로 보자기식 포장(p19 참고)을 한다.
2 공단 리본으로 ①의 상자에 십자 매기(p27 참고)를 한다.
3 ②의 리본은 나비 보(p24 참고)로 묶는다.
4 반복하여 나비 보를 두 번 더 묶는다.
5 여러 개의 나비 보가 둥근 모양이 되도록 모양을 잡는다.

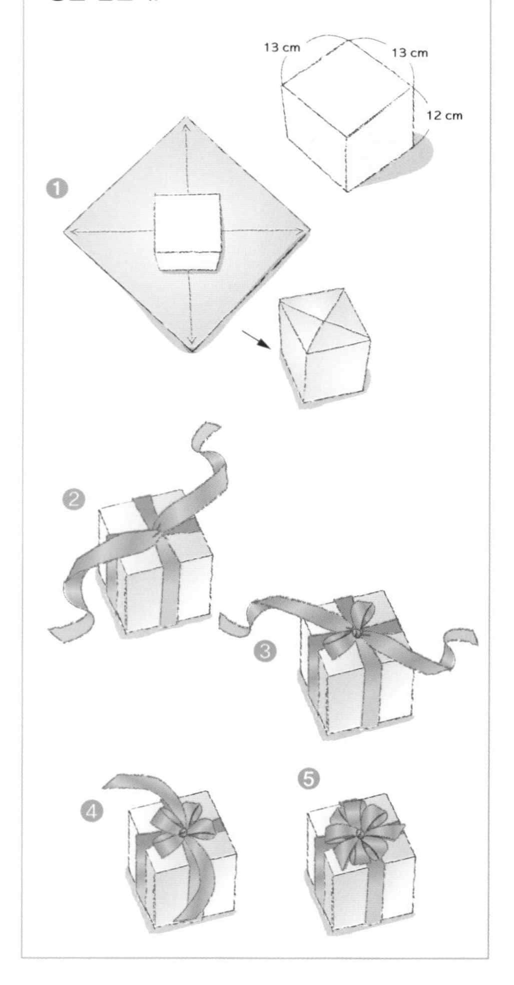

포장지 위에 망사 천을 덧씌워 고급스럽게 업그레이드한 이중 포장

마땅한 포장지가 없을 때 이중으로 포장하는 아이디어를 활용해 보자. 마치 하나의 포장지처럼 종이와 망사 천을 겹쳐 포장한 후 오건디 리본으로 폼폰 보를 만들어 붙인다. 종이 포장만으로는 왠지 단순하고 밋밋해 보일 것 같던 포장이 망사 천 하나로 시선을 사로잡는다. 이처럼 종이와 천, 종이와 비닐 등 재질이 서로 다른 소재를 겹쳐 포장하는 아이디어로 색다른 포장을 해보자.

How To Wrapping

사각 상자 2개, 아트지(그린 · 오렌지), 망사 천, 2.5㎝ 폭 화이트 오건디 리본, 1㎝ 폭 공단 리본(그린 · 오렌지), 양면테이프

1 상자는 망사 천 위에 아트지를 올려 겹친 후 캐러멜식 포장(p18 참고)을 한다.
2 오건디 리본과 공단 리본을 겹쳐 ①의 상자에 십자 매기(p27 참고)한다.
3 오건디 리본으로 폼폰 보(p26 참고)를 만들어 ②의 상자 십자 매기한 위에 올리고 ②의 리본으로 폼폰 보를 묶는다.
4 폼폰 보의 리본을 펼쳐 모양을 잡는다.

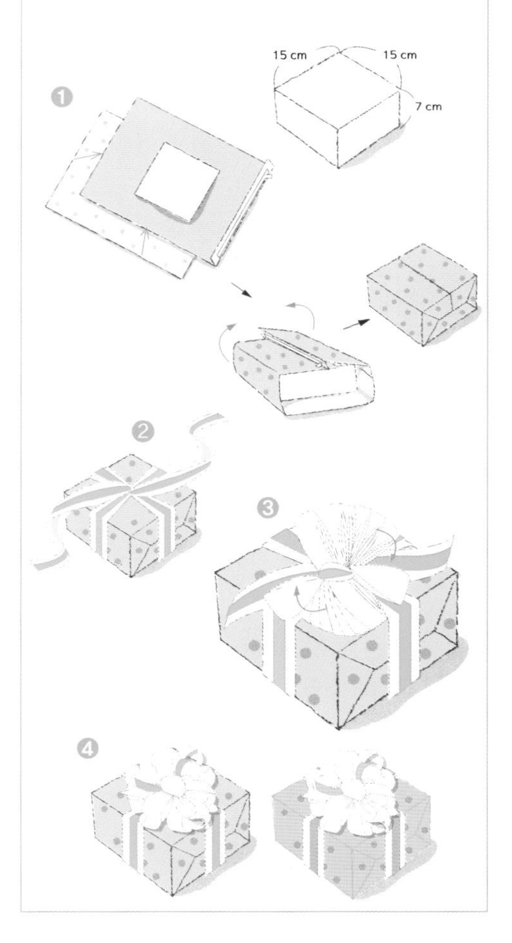

포장지의 프린트를 잘 살린 정통 캐러멜식 포장

포장지 하나만 잘 선택해도 선물이 돋보이게 마련이다. 마치 꽃밭을 연상시키는 꽃과 나비무늬가 인상적인 포장지는 선물을 특별하게 만들기 충분하다. 꽃 프린트 포장지로 캐러멜식 포장을 한 후 가는 리본 여러 개를 겹쳐 상자의 위쪽 부분에 나비 보로 마무리하면 잔잔하면서도 은은한 멋이 살아난다. 여기에 하트와 꽃 모양 장식이 앙증맞은 오너먼트를 연결해 색다른 재미를 느끼게 한다.

How To Wrapping ♥

♥ **사각 상자, 꽃 프린트 아트지, 0.2㎝ 폭 공단 리본(블루 · 핑크 · 그린 · 화이트 · 아이보리 · 옐로), 오너먼트, 양면테이프**

1 상자는 꽃 프린트 아트지로 캐러멜식 포장(p18 참고)을 한다.
2 공단 리본 6줄을 가지런히 모으고 ①의 상자에 사선 매기(p28 참고)한 후 상자의 위쪽에서 나비 보(p24 참고)로 마무리한다.
3 공단 리본 끝에 나비, 꽃, 하트 등 오너먼트 붙여 장식한다.

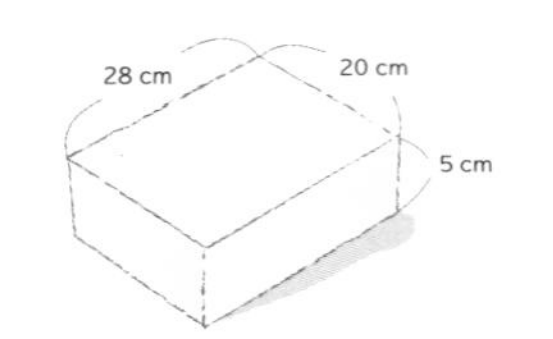

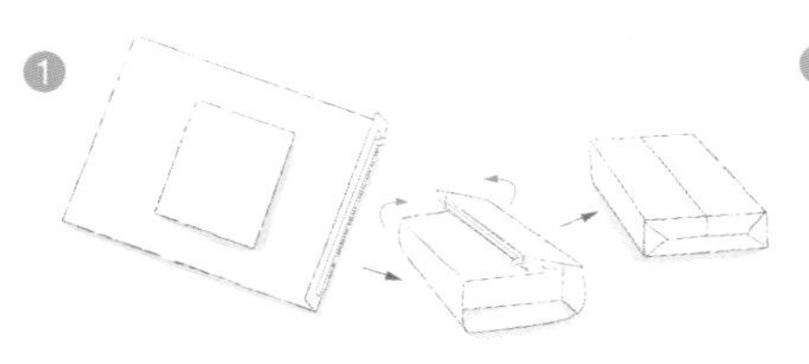

스트라이프 리본 연출에 둥근 자개 장식을 포인트로 마무리!

여자 친구를 위해 선물할 때 화이트와 핑크가 주가 되는 로맨틱한 포장을 만들어 보자. 화이트 포장지에 핑크와 화이트 공단 리본과 짙은 브라운 골지 리본을 조금씩 겹쳐 스트라이프 모양을 만들어 심플하게 연출한 후, 여기에 아기자기한 핑크 자개 장식 소품을 붙여 사랑을 표현한다. 누구나 하나쯤 받고 싶은 선물 포장.

How To Wrapping ♥

♥ **화이트 엠보싱지, 2.5㎝ 폭 공단 리본(화이트 · 핑크), 2㎝ 폭 다크브라운 골지 리본, 핑크 끈, 둥근 모양 핑크 자개 장식 2개**

1 상자는 화이트 엠보싱지 윗면에 주름을 두 번 접어 캐러멜식 포장(p18 참고)을 한다.
2 핑크 공단 리본, 브라운 골지 리본, 화이트 공단 리본을 조금씩 겹쳐 ①의 상자에 한 바퀴 돌리고 상자 뒤쪽에서 양면테이프로 고정한다.
3 화이트 공단 리본 위에 핑크 끈을 한 바퀴 돌려 묶고 상자 옆쪽에서 나비 보(p24 참고)로 묶은 뒤 끈의 끝 부분을 조금 풀어 술을 만든다.
4 핑크 자개 장식을 핑크 끈 위에 하나, 상자 위에 하나 붙여 마무리한다.

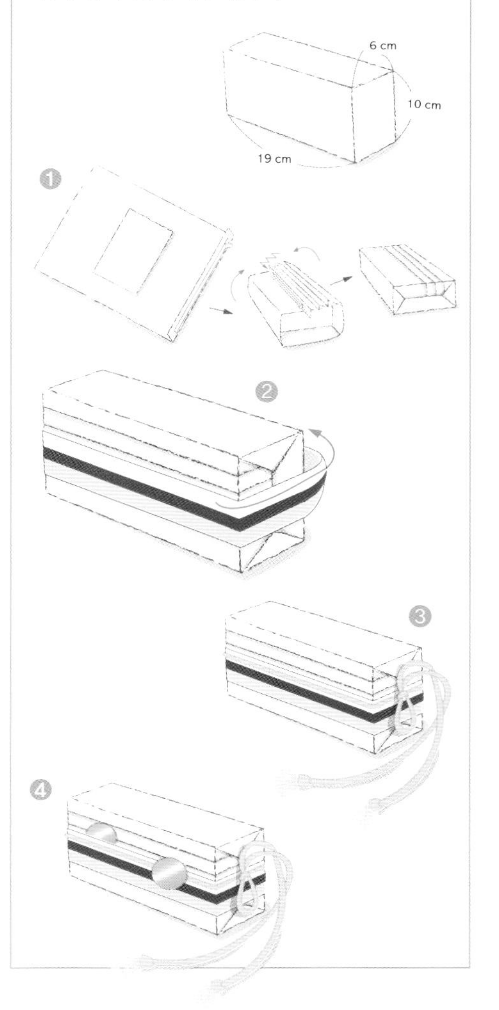

How To Wrapping ♥

♥ **사각 상자 2개, 블루 아트지, 블루 & 화이트 스트라이프 아트지, 공단 리본(2.5㎝ 폭 네이비, 1.8㎝ 폭 그린, 1㎝ 폭 민트 그린 · 블루), 양면테이프**

1 상자는 블루와 스트라이프 아트지로 2개의 상자를 각각 캐러멜식 포장(p18 참고)을 한다.
2 네이비 공단 리본과 민트 그린 공단 리본이 서로 겹쳐지지 않게 ①의 상자에 세로로 둘러 뒤쪽에서 양면테이프를 붙인다.
3 ②와 같은 방법으로 그린 공단 리본과 블루 공단 리본을 상자에 가로로 둘러 붙이는데, ②의 리본과 마주치는 부분은 체크무늬가 되도록 엮은 후 붙인다.

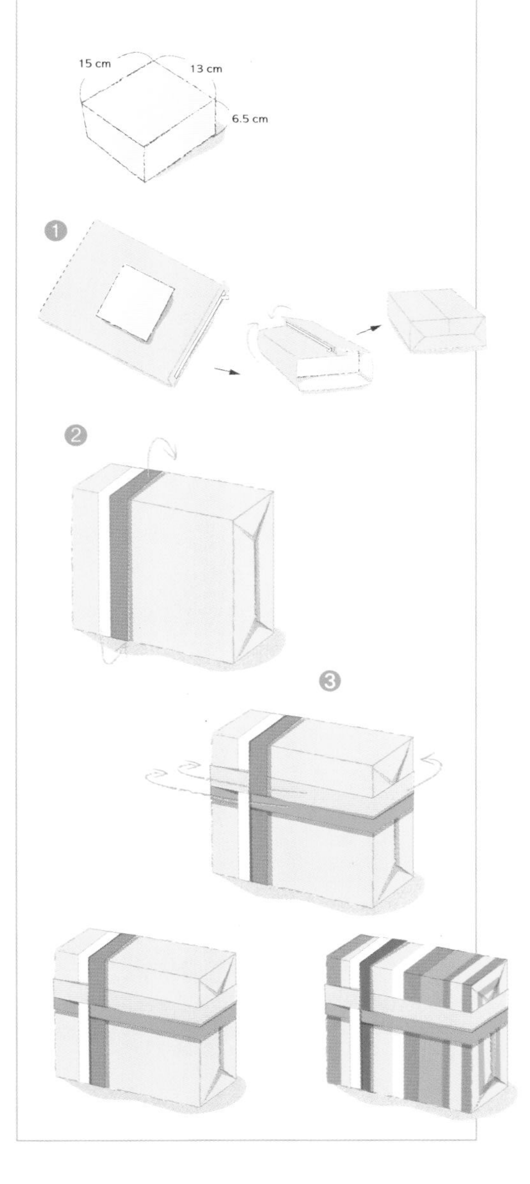

포장지의 느낌 그대로 리본을 센스 있게 매치한 스트라이프 포장

리본으로 보를 만드는 대신 스트라이프 & 체크 패턴을 만들어 이색적인 디자인으로 변화를 주자. 서로 다른 리본 네 개를 준비해 두 줄은 가로로, 두 줄은 세로로 두고 체크무늬가 되도록 엮어 캐주얼 감각의 심플한 포장을 완성한다. 네이비, 그린 등 네 개의 리본으로 스트라이프와 체크 모양을 만들었더니 고급스러운 포장이 완성됐다. 특별한 포장지 없이 단색 포장지만 있을 때 응용해 보면 좋을 아이디어.

두 가지를 하나로 간편하게, 선물 & 꽃 포장

입학이나 졸업 시즌에는 꽃과 함께 선물하는 경우가 많은데, 선물과 꽃을 따로 전달하는 대신 하나로 포장하는 색다른 아이디어를 배워본다. 어느 정도 높이가 있는 사각 상자를 준비해 밑부분에는 선물을 담는다. 선물은 셀로판 종이로 싸서 담고, 그 위에 오아시스를 올리고 상자 가득 꽃을 꽂은 다음 오건디 리본을 묶어 장식한다. 꽃은 생화가 아닌 조화를 활용해도 좋다. 꽃과 리본의 컬러를 맞춰 포장의 완성도를 한층 높여준다.

How To Wrapping

사각 상자, 화이트 스타드림지, 1.5㎝ 폭 하트 장식 스카이 블루 오건디 리본, 드라이 장미, 양면테이프

1 p23을 참고하여 두꺼운 종이로 상자를 제작한 후 화이트 스타드림지로 상자를 커버링한다. 마땅한 사이즈의 상자가 있을 때는 상자를 따로 만들지 않고 그대로 이용해도 좋다.

2 선물을 상자 안에 넣고 드라이 장미를 상자 가득 채워 넣는다.

3 오건디 리본으로 ②의 상자에 십자 매기(p27 참고)하고, 그 위에 코사지 보를 만들어 올린다.

4 십자 매기한 리본으로 코사지 보를 묶어 고정한다.

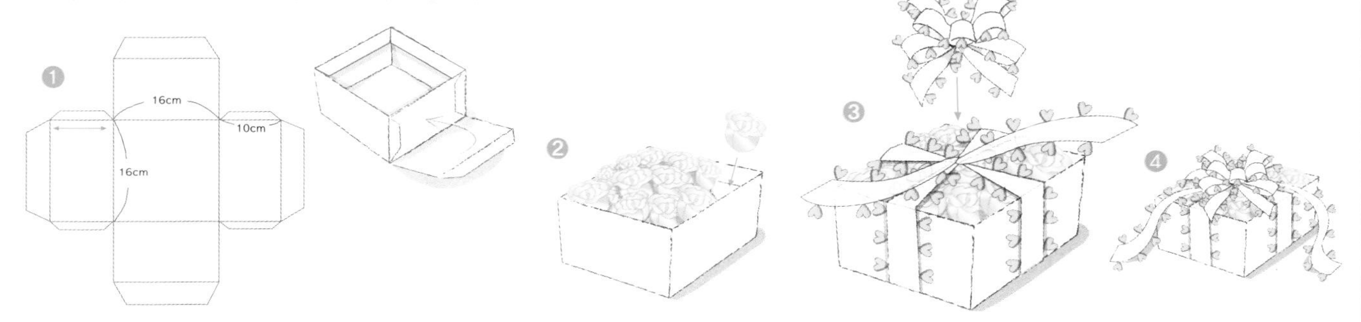

컬러 트레이싱지를 이용한 이중 포장

살짝 비치는 반투명 트레이싱지를 이용한 색다른 포장 아이디어. 다른 종이에 비해 빳빳한 트레이싱지는 상자의 각을 살리기 좋은 소재이기 때문에 이중 혹은 삼중으로 포장해도 깔끔하게 처리되는 것이 특징이다. 푸른색 트레이싱지로 상자를 포장하고 네이비 엠보싱 포장지를 상자 폭보다 좁게 잘라 덧씌운다. 두 가지 컬러를 매치한 이중 포장으로 깔끔한 포장이 완성됐다.

How To Wrapping

사각 상자, 블루 트레이싱지, 네이비 엠보싱지, 청색 가죽 끈, 양면테이프

1 상자는 블루 트레이싱지로 캐러멜식 포장(p18 참고)을 한다.
2 네이비 엠보싱지를 9㎝ 폭으로 자르고 양 옆을 1㎝씩 안쪽으로 접은 뒤 양면테이프로 깔끔하게 붙인다.
3 ②의 엠보싱 포장지를 ①의 상자 중앙에 둘러 붙인다.
4 ③의 상자에 가죽 끈으로 삼각 매기(p27참고)한 다음 나비 보(p24 참고)로 마무리한다.

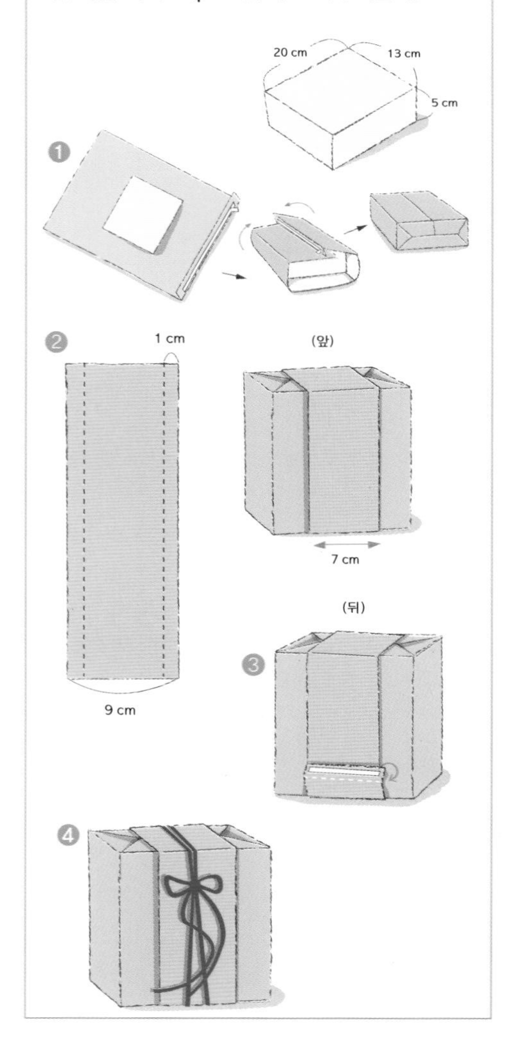

와이어 리본의 특징을 살려 보를 풍성하게…

가장자리에 와이어 처리가 되어 있는 리본은 보의 모양을 원하는 대로 만들 수 있는 것이 특징이다. 보를 풍성한 모습으로 연출하고 싶을 때는 와이어 리본을 활용해 보를 큼직하게 혹은 여러 개 만든다. 특별한 날, 특별한 선물을 할 때는 보를 크게 만들어 화려하게 장식하자. 와이어 리본의 특징을 살려 상자 크기만하게 보를 만든 포장 방법.

How To Wrapping ♥

♥ **사각 상자, 아트지, 6㎝ 폭 보라색 와이어 오건디 리본, 4㎝ 폭 블루 와이어 새틴 리본, 양면테이프**

1 상자는 아트지로 캐러멜식 포장(p18 참고)을 한다.
2 ①의 상자에 새틴 리본으로 십자 매기(p27 참고)한다.
3 와이어 오건디 리본과 와이어 새틴 리본을 겹쳐 코사지 보(p25 참고)를 만든다.
4 ②의 상자 위에 올린 코사지 보는 ②의 리본으로 나비 보(p24 참고)를 묶어 마무리한다.

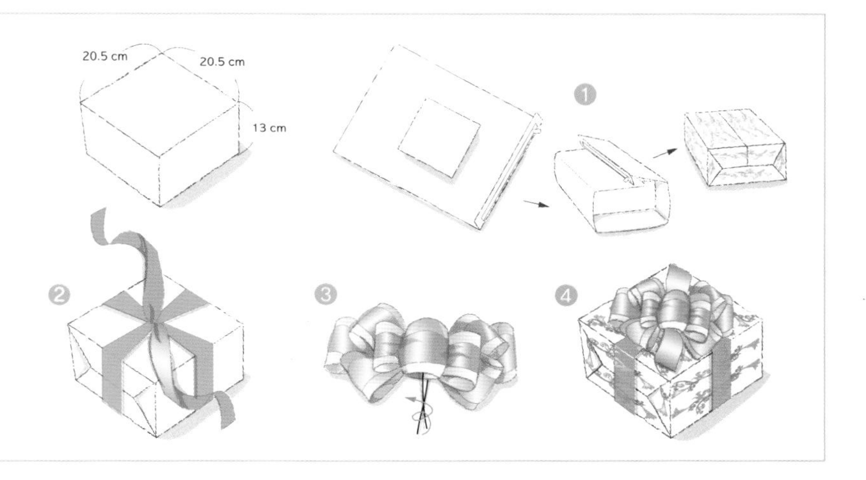

나비 비즈 장식이 인상적인 액세서리 선물 포장

헤어핀이나 브로치, 목걸이 등의 액세서리를 선물할 때는 화려하게 포장하는 것도 좋은 방법. 포장지로 상자 본체만을 커버링한 후 뚜껑을 덮고 리본 보를 묶는다. 그 위에 나비 비즈 액세서리를 붙여 화려함을 더하면 오래 기억에 남는 선물이 될 것이다.

How To Wrapping ♥

♥ **작은 사각 상자 2개, 도트무늬 수입 양면지(핑크 · 그린), 1㎝ 폭 공단 리본(아이보리 · 민트 그린), 나비 비즈 장식(그린 · 핑크), 양면테이프, 와이어**

1 p23을 참고하여 상자는 도트무늬 수입 양면지로 커버링한다.

2 상자에 뚜껑을 덮고 공단 리본으로 뚜껑 위에서 십자 매기(p27 참고)한 다음 나비 보(p24 참고)로 마무리한다.

3 ②의 나비 보 위에 와이어를 이용해 나비 비즈 장식을 고정한다.

How To Wrapping ♥

♥ **핑크 골판지, 유산지, 폴리 리본(여러 가지 색상), 양면테이프**

1 골판지 위에 유산지를 커버링한 후 뒷면에 그림처럼 상자의 도안을 그린 다음 재단한다.
2 칼로 하트 모양을 도려내고 삼각형 꼭지점 가까이에 펀치로 구멍을 낸다. 점선을 따라 칼 뒷등으로 선을 한 번 그은 다음 점선을 안쪽으로 접고 세 면을 먼저 붙여 선물을 넣은 다음 나머지 한 면도 붙여 삼각뿔 모양의 상자를 만든다.
3 여러 가지 컬러의 폴리 리본을 ②에서 뚫은 구멍 사이에 넣고 리본 끝 부분에 컬을 만들어 완성한다.

폴리 리본으로 포인트를 준 삼각뿔 포장

학생들에게 가장 인기 있는 선물 가운데 하나는 립글로스나 매니큐어 등의 메이크업 제품. 이런 소품을 선물할 때 특색 있는 삼각뿔 상자를 만들면 보다 깔끔하게 포장할 수 있다. 삼각뿔 모양으로 상자를 만들고 상자 위쪽으로 리본을 여러 줄 연결해 마치 양배추 인형처럼 곱슬곱슬하게 컬을 만들어 악센트를 준다. 포장 자체가 액세서리가 될 수 있는 센스!

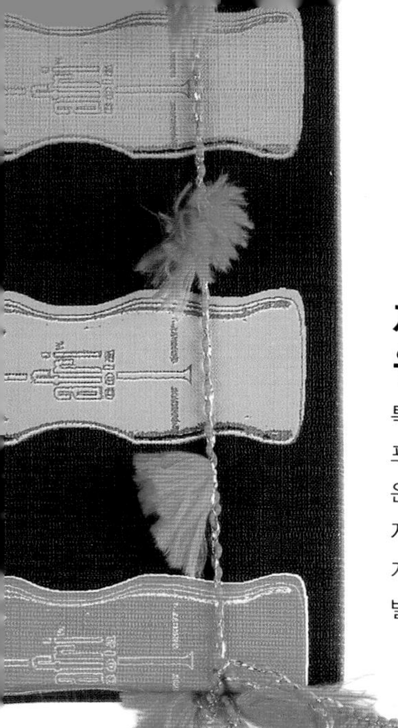

재미와 개성이 돋보이는 원색의 콜라병 프린트 포장

특별한 선물을 하고 싶을 때는 포장법도 특별하게 하고 싶은 법. 하지만 포장에 소질이 없다면 프린트나 컬러가 이색적인 포장지를 선택하는 것은 어떨까. 블랙 바탕에 원색의 콜라병 프린트가 새겨진 눈길 끄는 포장지로 간단한 캐러멜식 포장을 하고, 여기에 짙은 핑크 털실 끈 하나를 길게 묶어 아기자기한 재미를 더했다. 한눈에 봐도 갖고 싶을 만큼 뭔가 특별함이 느껴진다.

"특별한 포장 방법이 아니라면 눈길을 사로잡을 만한 포장지를 선택한다. 블랙 바탕에 원색의 그림이 산뜻하게 매치된 포장지… 여기에 핑크색 털실 갈런드 끈 하나만 매치해도 특별한 선물로 변신한다."

How To Wrapping

블랙 바탕의 원색 그림 포장지, 핑크 털실 갈런드 끈, 양면테이프

1 상자는 포장지의 콜라병무늬가 중앙에 오도록 그림처럼 상자를 캐러멜식 포장(p18 참고)을 한다.
2 털실 갈런드 끈을 상자 중앙에서 가로로 일자 매기(p27 참고)한다.
3 상자의 오른쪽 모서리에서 나비 보(p24 참고)로 마무리하고 털실 갈런드 끈은 길게 늘어뜨려 모양을 살린다.

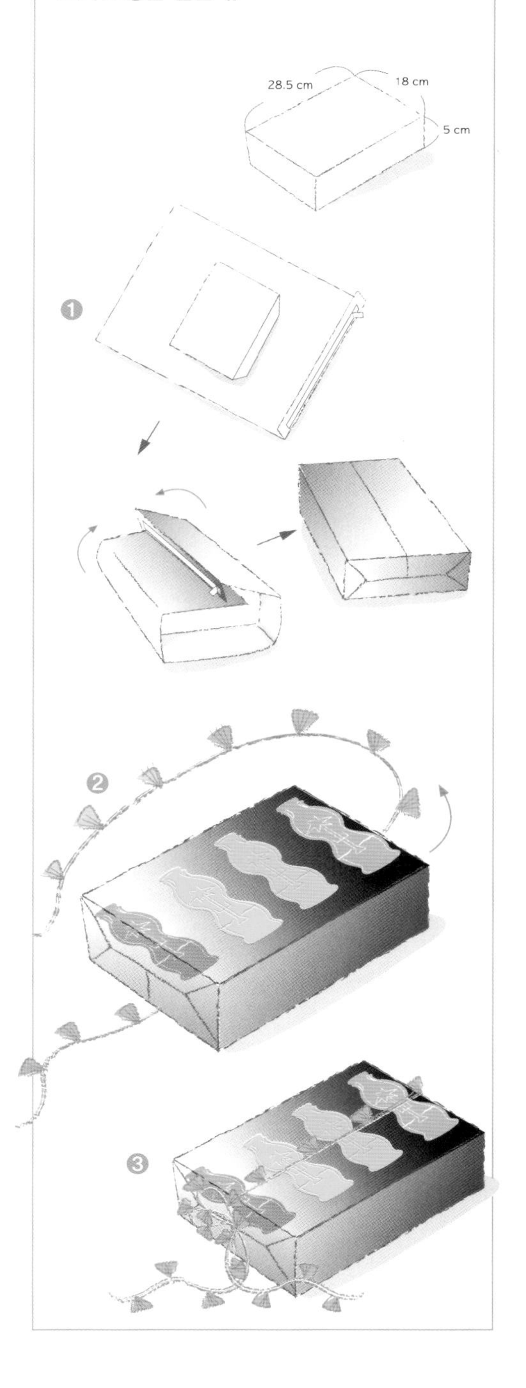

프린트 소재를 장식으로 연결한 나뭇잎무늬 포장

짙은 핑크 톤 한 가지만 포인트로 연출해 고급스러움을 살린 포장 아이디어. 포장지와 리본이 같은 컬러이기 때문에 자칫 심심하게 느껴질 수도 있으므로 아기자기한 장식을 더했다. 포장지의 나뭇잎 프린트를 하나 깔끔하게 오려내 리본 보 위에 장식 소품으로 활용한 것. 앙증맞은 꽃 모양 집게로 나뭇잎 장식을 붙여 포인트를 주었다.

How To Wrapping ♥

♥ **사각 상자, 짙은 핑크 포장지, 나뭇잎 프린트 핑크 비닐 포장지, 털실 리본, 꽃 모양 집게, 양면테이프**

1 짙은 핑크색 포장지와 나뭇잎 프린트 핑크색 비닐 포장지를 겹친 후 위에 상자를 두고 캐러멜식 포장(p18 참고)을 한다.
2 ①의 상자에 털실 리본을 한 바퀴 돌려 싱글 보(p24 참고)로 매듭 짓는다.
3 나뭇잎 프린트 핑크색 포장지에서 나뭇잎무늬 하나를 오려낸다.
4 ③에서 오려낸 나뭇잎무늬를 꽃 모양 집게를 이용해 싱글 보 위에 붙인다.

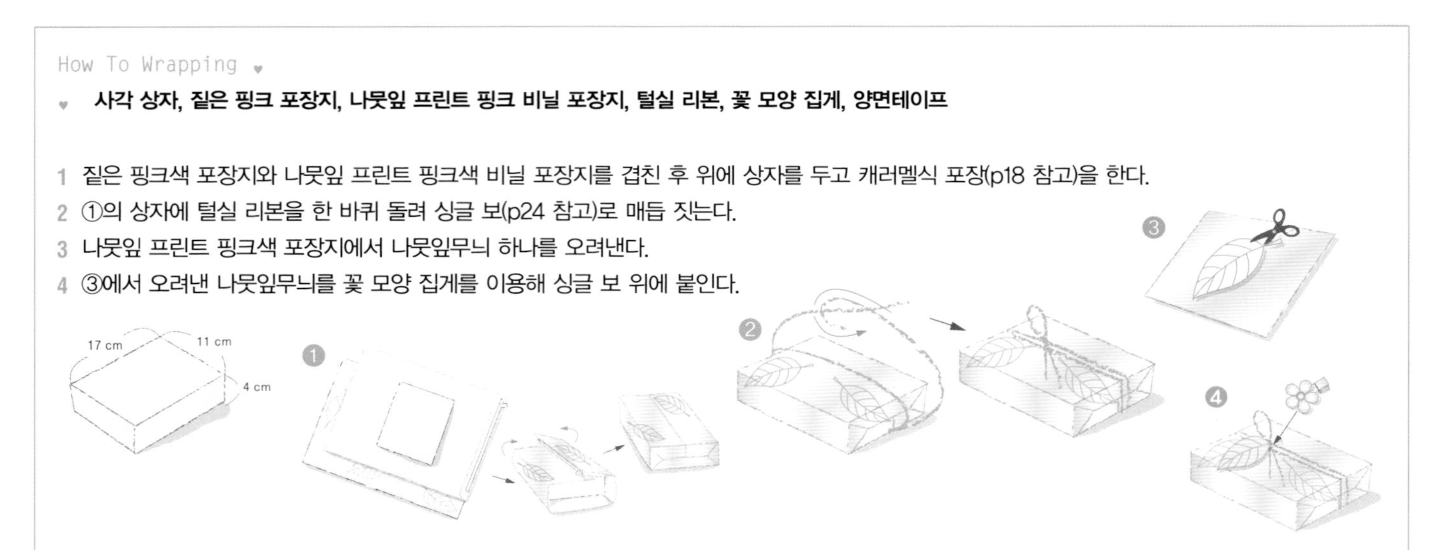

커다란 리본으로 깔끔하게 처리한 비즈 체인 장식 포장

한눈에 쏙 들어오는 화려한 포장을 원한다면 리본 외에 비즈 체인 장식을 이용해 보자. 짙은 핑크 컬러 부직포로 상자를 깔끔하게 포장하고 반짝반짝 빛나는 화려한 비즈 체인 장식을 상자에 대여섯 번 두른 다음 리본으로 묶어 모양을 낸다. 핑크 톤과 비즈의 조화는 보는 것만으로도 마음을 설레게 한다.

How To Wrapping

사각 상자, 핑크 부직포, 화이트 비즈 체인, 3.5㎝ 폭 핑크 공단 리본, 양면테이프

1 상자는 부직포를 두 장 겹친 후 캐러멜식 포장(p18 참고)을 한다.
2 비즈 체인을 ①의 상자에 여섯 번 둘러 감는다.
3 공단 리본을 짧게 자른 후 상자 위쪽에서 비즈 체인을 한꺼번에 묶는다.
4 여섯 줄의 비즈 체인 간격을 일정하게 맞춰 모양을 낸다.

캐주얼 감각이 돋보이는 바둑판 모양 소포 포장

소포를 포장할 때처럼 바둑판 모양이 되도록 끈을 교차시키는 방법으로 사각 상자를 포장해 보자. 영자가 프린트된 브라운 톤의 캐주얼 포장지로 상자를 포장한 뒤 면 끈과 가죽 끈을 겹쳐서 두 줄은 가로로, 두 줄은 세로로 상자에 둘러 바둑판 모양이 되도록 한다. 끈이 교차되는 부분에 가죽 끈을 한 번 더 묶어 마무리한다. 책이나 학용품을 선물할 때 응용해 보면 좋을 포장법.

How To Wrapping ♥

♥ **사각 상자, 영자 프린트 브라운 크래프트지, 카키 면끈, 자주색 가죽 끈, 양면테이프**

1 상자는 크래프트지로 캐러멜식 포장(p18 참고)을 한다.
2 면 끈과 가죽 끈을 겹친 뒤 상자에 두 줄은 세로로, 두 줄은 가로로 묶고, 상자 옆면에서 한 줄 둘러 묶는다.
3 가로 줄과 세로 줄이 교차되는 부분에 모두 가죽 끈을 묶어 장식한다.

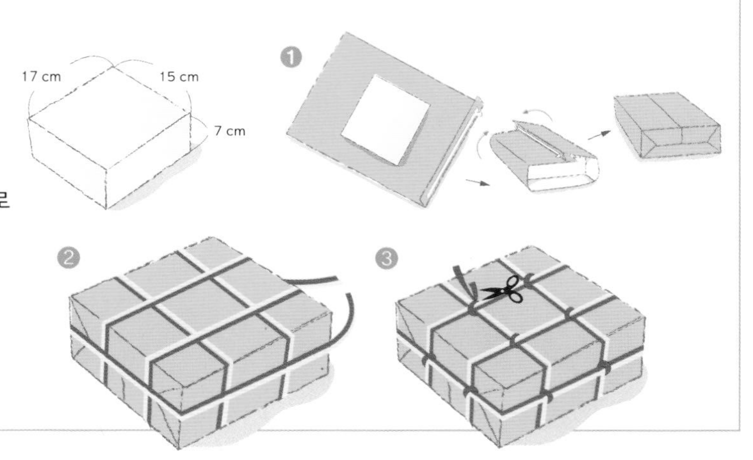

자연 소재 프린트를 장식으로 활용한 아이디어 포장

포장지에 다양한 예쁜 그림이 프린트되어 있다면 포장지 안의 그림을 오려내 장식 소품으로 활용해 보는 것도 좋은 방법이다. 꽃과 나무, 새 등 자연을 소재로 한 무늬가 가득 프린트된 포장지로 상자를 포장한 뒤 포장지 안의 그림을 몇 가지 오려내고 그와 어울리는 컬러의 지끈으로 상자를 한 번 둘러 묶은 다음 오려낸 그림을 지끈 위에 아기자기하게 붙여 마무리한다. 큼직한 상자 포장에 유용하다.

How To Wrapping ♥

♥ **사각 상자, 자연 소재 프린트 크래프트지, 지끈(옅은 브라운 · 카키), 양면테이프**

1 상자는 크래프트지로 캐러멜식 포장(p18 참고)을 한다.
2 준비한 지끈 두 줄을 겹쳐서 상자에 가로로 두 번 감은 뒤 일자 매기(p27 참고)한다.
3 크래프트지에 새겨진 그림을 몇 가지 오려낸 후 ②의 지끈 위에 양면테이프를 이용해 곳곳에 붙여 장식한다.

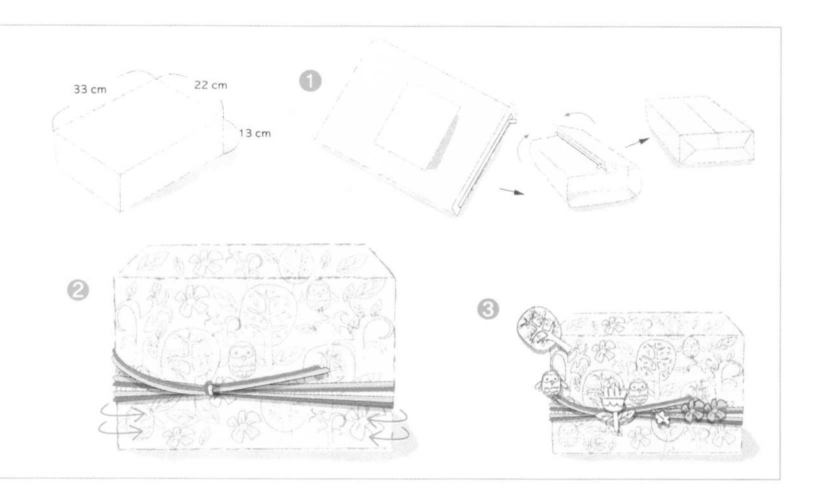

모던한 도트무늬가 인상적인 미니 박스 포장

포장지 무늬에 따라 포장법을 달리하면 선물이 한결 돋보일 수 있다. 다양한 컬러의 도트무늬가 개성 있게 프린트된 포장지. 이처럼 무늬는 한 가지 모양이지만 컬러가 다양한 포장지는 무늬와 컬러를 잘 살릴 수 있는 보자기식 포장이 제격이다. 또한 리본은 되도록 심플하게 연출해야 포장지 모양을 살릴 수 있다.

How To Wrapping ♥

♥ **사각 상자, 도트무늬 아트지, 1.5㎝ 폭 골지 리본, 태그, 양면테이프**

1 상자는 도트무늬 아트지로 보자기식 포장 (p18 참고)을 한다.
2 리본을 태그에 연결한 후 상자에 한 바퀴 둘러 묶는데, 리본을 두 번 정도 꼬아 모양을 낸다.
3 매듭은 보이지 않도록 상자의 뒤쪽에서 마무리한다.

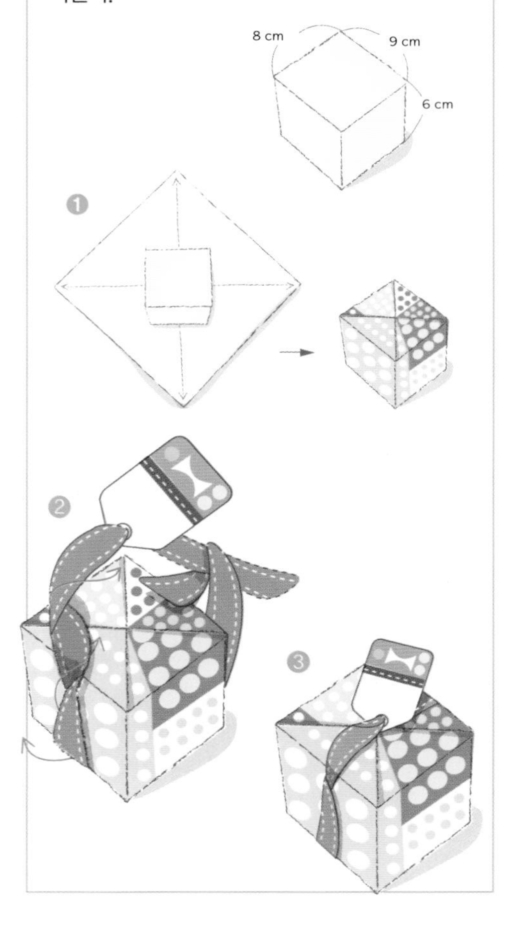

How To Wrapping ♥

♥ **포장지(노랑 · 빨강 · 파랑), 가죽 끈, 양면테이프**

1 노랑 포장지 중앙에 빨강 포장지를 붙인 후 책을 펼친 사이즈에서 사방으로 시접을 두고 포장지를 자른다.
2 책을 싸듯 책 표지를 포장하는데, 모서리 시접은 삼각형으로 잘라내 깔끔하게 처리한다.
3 그림처럼 노랑 포장지 위에 칼로 조금 칼집을 내 카드를 넣을 부분을 만든 다음 밑에 빨강 포장지를 붙인다. 책 위로 가죽 끈을 한 바퀴 돌려 묶은 다음 싱글 보(p24 참고)로 마무리한다.
4 ①~③과 같은 방법으로 블루 포장지로 다른 책도 포장하는데, 끈은 원하는 모양으로 보를 만든다.

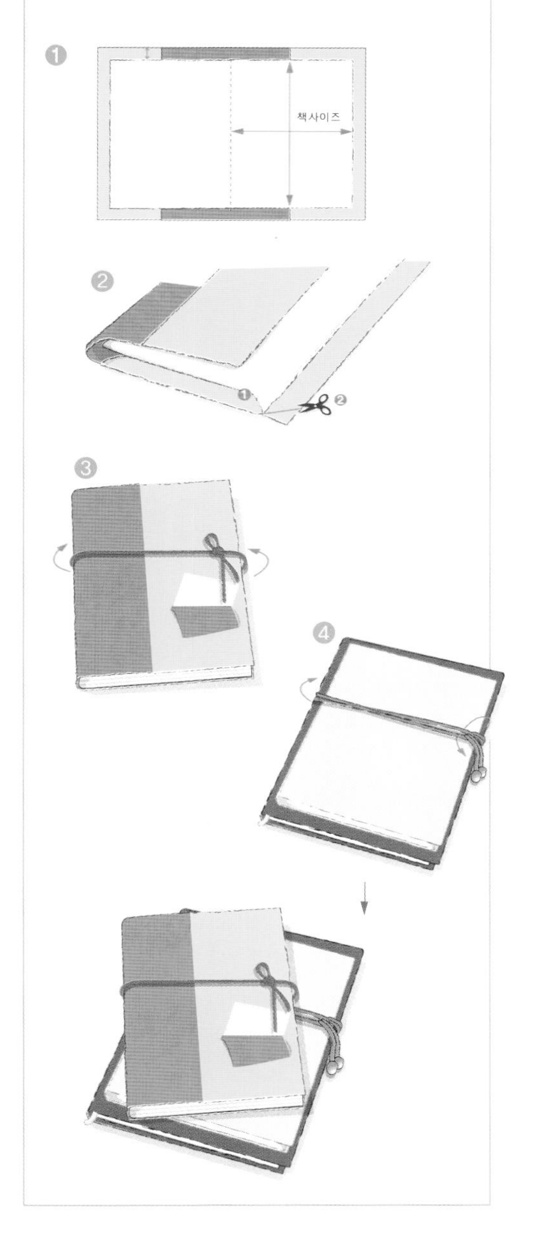

책 모양 그대로 표지만 씌워 리본 한 줄로 포인트를 살린 실용 포장

보통 책을 선물할 때 포장에는 그다지 신경 쓰지 않는다. 하지만 책도 예쁘게 포장한다면 한결 정성스러운 선물이 될 것이다. 포장지로 책 표지를 포장한 뒤 끈만 한 줄 두르면 심플하고 깔끔한 포장이 된다. 또한 앞쪽 포장지 위에 칼로 살짝 칼집을 낸 뒤 그 사이에 카드를 끼워 넣으면 센스 있는 포장이 될 것이다.

리본을 X자 모양으로 크로스한 심플 포장

리본으로 반드시 보를 만들어야 하는 것은 아니다. 좀 더 심플한 포장을 원한다면 색다른 방법으로 리본을 장식해 보자. 우선 리본을 접어 고리를 만들고 리본 한쪽 끝은 상자를 한 바퀴 돌려 다시 앞으로 오도록 한 다음 만들어 놓은 고리에 끼워 리본이 X자 모양이 되도록 한다. 포장지와 리본의 컬러를 은은한 것으로 매치하면 한결 고급스러움이 느껴진다.

How To Wrapping ♥

♥ **사각 상자, 레자크지, 아트지, 1.5cm 폭 스티치 골지 리본, 양면테이프**

1 상자는 각각 레자크지와 아트지로 캐러멜식 포장(p18 참고)을 한다.
2 리본을 접어 고리를 만든 다음 리본 끝을 상자의 뒤쪽으로 돌리고 한쪽 리본 끝만 다시 앞으로 오도록 한 다음 고리에 끼워 리본이 X자 모양이 되도록 한다.
3 리본 끝은 뒤쪽에서 묶어 마무리하고, 장식으로 태그를 하나 붙여 봐도 좋다.

How To Wrapping ♥

♥ **사각 상자 2개, 실버 스타드림지, 2㎝ 폭 핑크 & 그레이 와이어 새틴 리본, 장식 액세서리**

1 작은 상자와 큰 상자는 각각 스타드림지로 보자기식 포장(p19 참고)을 한다.
2 큰 상자에는 리본을 옆쪽으로 일자 매기(p27 참고)한 후 나비 보(p24 참고)로 마무리하고, 작은 상자는 리본을 앞쪽으로 일자 매기한 후 위쪽에서 나비 보로 마무리한다.
3 각각의 상자 나비 보 위에 액세서리 장식을 단다.

고급스러운 멋을 더한 액세서리 장식 포장

작은 상자를 포장할 때는 보를 크게 연출하면 자칫 부담스럽게 느껴질 수 있고, 그렇다고 보를 작게 만들면 초라해 보일 수 있다. 이럴 때 와이어 리본을 활용해 심플하면서도 돋보이는 보를 만들어 보자. 실버 톤 포장지에 그레이와 핑크가 매치된 리본으로 은은하고 고급스러운 포장을 완성했다. 여기에 액세서리 장식으로 포인트를 준다.

아이에게 격려를… 용돈 봉투 포장

아이들에게 용돈을 줄 때 손수 만든 봉투에 담아 건네주자. 주는 이에 대한 감사함과 함께 돈에 대한 소중함도 배가될 것이다. 은은한 컬러의 도톰한 종이를 이용해 봉투를 만들고 봉투와 같은 컬러의 리본을 한 줄 두른 뒤 그 위에 나비 보를 만들어 붙인다. 이렇게 만든 용돈 봉투에 용돈을 담아 아이들 책상 위에 살짝 올려놓아 보자. 그 어떤 것보다 아이들을 기쁘게 하는 서프라이즈 선물이 될 것이다.

How To Wrapping ♥

♥ **연보라색 머메이드지, 1.5cm 폭 연두색 별 장식 오건디 리본, 0.5cm 폭 보라색 골지 리본, 양면테이프**

1 머메이드지에 도안을 그린 다음 선을 따라 오리고 점선 부분은 안쪽으로 접기 편리하도록 칼등으로 선을 긋는다.
2 ①의 종이는 옆쪽을 먼저 안쪽을 접고, 위아래를 차례로 접어 봉투 모양을 만든다.
3 오건디 리본을 봉투에 한 바퀴 돌려 봉투 뒤쪽에서 양면테이프로 마무리한다. 오건디 리본 위에 골지 리본이 겹쳐지도록 한 바퀴 돌려 매듭 지은 다음 나비 보(p24 참고)로 매듭 짓는다.

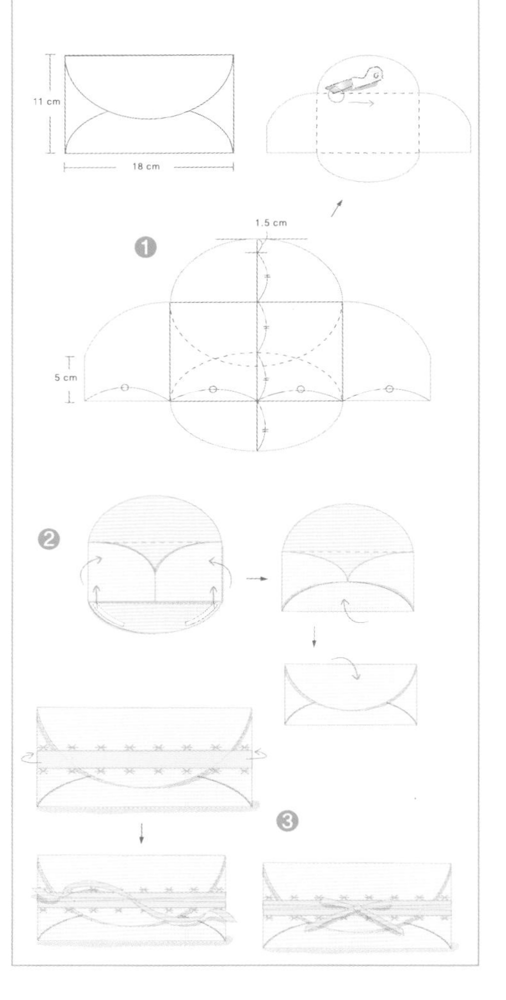

How To Wrapping

그린 머메이드지, 1㎝ 폭 빨강 도트무늬 새틴 리본

1 완성 치수 약 17×13㎝의 용돈 봉투를 만드는데, 52×52㎝ 크기의 마름모 모양으로 아머메이드지를 자른 다음 가로 3등분, 세로 4등분 지점을 각각 점선으로 표시한다.
2 점선을 따라 칼등으로 선을 그어 종이가 잘 접히도록 한다.
3 ②의 종이는 점선을 따라 세로 $\frac{1}{4}$ 지점을 접어 올리고 다시 반 접어 올려 삼각형 모양이 되도록 한다.
4 ③의 종이는 세로 점선을 따라 양쪽 꼭지점을 안으로 접는다.
5 앞쪽의 종이를 그림처럼 마름모꼴로 접은 다음 위쪽의 종이를 아래로 접어 마름모 사이에 끼워 봉투를 완성한다.
6 ⑤의 봉투 중앙에 새틴 리본을 일자 매기(p27 참고)를 한 후 나비 보(p24 참고)로 마무리한다.

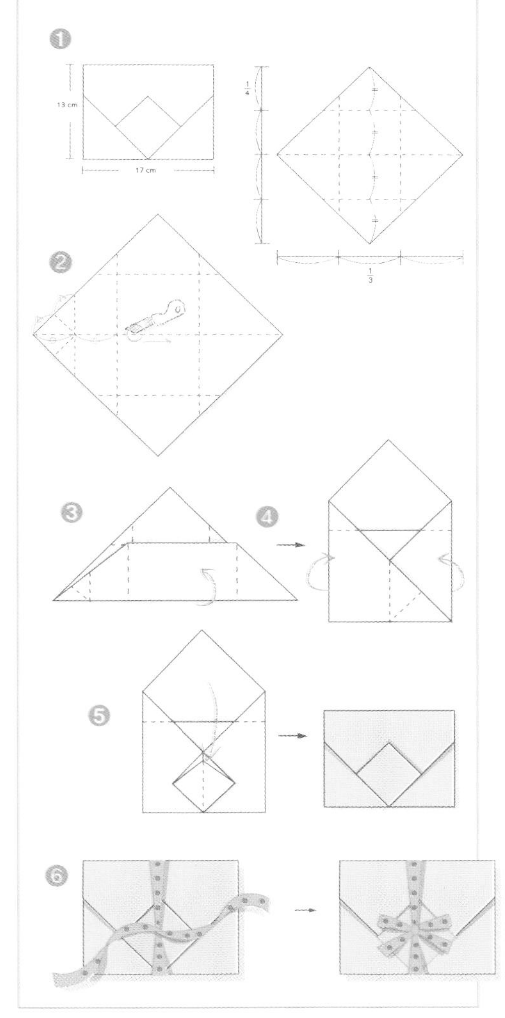

기쁨 두 배~ 실속파를 위한 용돈 & 카드 포장

청소년들은 용돈 받는 날이 가장 기분 좋은 때가 아닐까 싶다. 용돈을 줄 때 그냥 봉투에 넣어 주기보다 격려의 말을 담은 카드 한 장을 살짝 곁들인다면 한결 기분 좋은 선물이 될 것이다. 봉투와 카드를 따로 마련하지 말고 글 몇 줄 적을 수 있는 카드 모양을 갖춘 봉투를 만들어 본다. 봉투에 용돈을 담은 뒤 리본 한 줄만 묶어 단정하게 마무리한다.

Love

For Lovers...

Part 3

속 깊은 당신의 마음을 전하세요~

사랑하는 이를 위한 선물 포장

사랑하는 그와 그녀 사이가 때론 1인치도 안 되는 듯 느껴지지만 때론 바다의 수심만큼 알 수 없는 거리감이 느껴지기도 합니다. 사랑은 표현하는 만큼 진정 사랑이라고 할 수 있습니다. 밸런타인데이, 화이트데이, 결혼기념일… 혹시라도 잊고 지나치는 사랑이 있을까봐 둘만의 기념일도 참 많지요. 마음만큼 전하지 못하는 당신의 사랑을 멋지게 포장해 전하세요.

화이트의 깔끔함과 우아함이 돋보이는 액세서리 포장

화이트 포장지와 화이트 리본의 고급스러운 조화가 돋보이는 포장. 화이트 포장은 반지나 목걸이 등 소중한 사람을 위해 준비한 선물을 더욱 돋보이게 한다. 실버 도트무늬가 은은한 화이트 포장지로 액세서리 상자를 포장하고 폭 좁은 화이트 리본으로 십자 매기한 후 화이트 오건디 리본으로 한 번 더 나비 보를 만들어 포장한다. 여기에 작은 하트 모양의 장식 소품을 더해 포장의 완성도를 높였다. 화이트 포장지와 화이트 리본, 화이트 장식 소품의 조화는 받는 이의 마음을 더 설레게 하는 고급스러운 포장이 될 것이다.

How To Wrapping

사각 상자 2개, 도트무늬 화이트 메탈릭 발포지, 1.5㎝ 폭 화이트 오건디 리본, 0.5㎝ 폭 화이트 골지 리본, 깃털 · 하트 모양 장식, 양면테이프

1. 두 상자 중 작은 상자는 메탈릭 발포지로 보자기식 포장(p19 참고)을 하고, 큰 상자는 줄무늬 포장지로 캐러멜식 포장(p.18 참고)을 한다.
2. 포장한 작은 상자는 골지 리본으로 십자 매기(p27 참고)한 후 나비 보(p24 참고)로 마무리한다.
3. 포장한 큰 상자 위에 ②의 작은 상자를 올리고 오건디 리본으로 일자 매기(p27 참고)한 다음 나비 보로 마무리한다.
4. ③의 나비 보 위에 깃털과 하트 모양 장식을 올려 장식한다.

Love is...

왕관 같은 보의 화려함이 눈길 끄는 육각 상자 포장

육각 포장을 할 때 보를 위쪽 대신 옆면에 만들어 새로운 감각을 살려본다. 육각 상자에 꼭 맞는 육각 포장을 하고 와이어 리본을 육각 상자 옆면에 한 바퀴 두른 다음 보를 마치 왕관처럼 높고 화려하게 연출한다. 보를 큼직하게 만들 때는 와이어 리본을 활용하는 것이 보의 모양을 제대로 잡을 수 있는 방법. 부모님 결혼 기념 선물을 위해 이처럼 리본을 특별하게 만들어 포장하는 것도 좋을 듯하다.

How To Wrapping

육각 상자 2개, 물결무늬 포장지(블루 · 와인), 3.5㎝ 폭 와이어 새틴 리본(블루 · 와인), 양면테이프

1 p20을 참고하여 물결무늬 포장지로 상자를 육각 상자 캐러멜식 포장을 한다.
2 포장한 상자 옆면에 와이어 새틴 리본으로 일자 매기(p27 참고)를 한 다음 나비 보(p24 참고)로 조금 큼직하게 만들어 묶는다.
3 ②의 나비 보와 리본 끝이 모두 위쪽을 향하도록 올린 다음 와이어 리본을 적당량 잘라 나비 보 바로 밑에 나비 보를 하나 더 만들어 마무리한다.

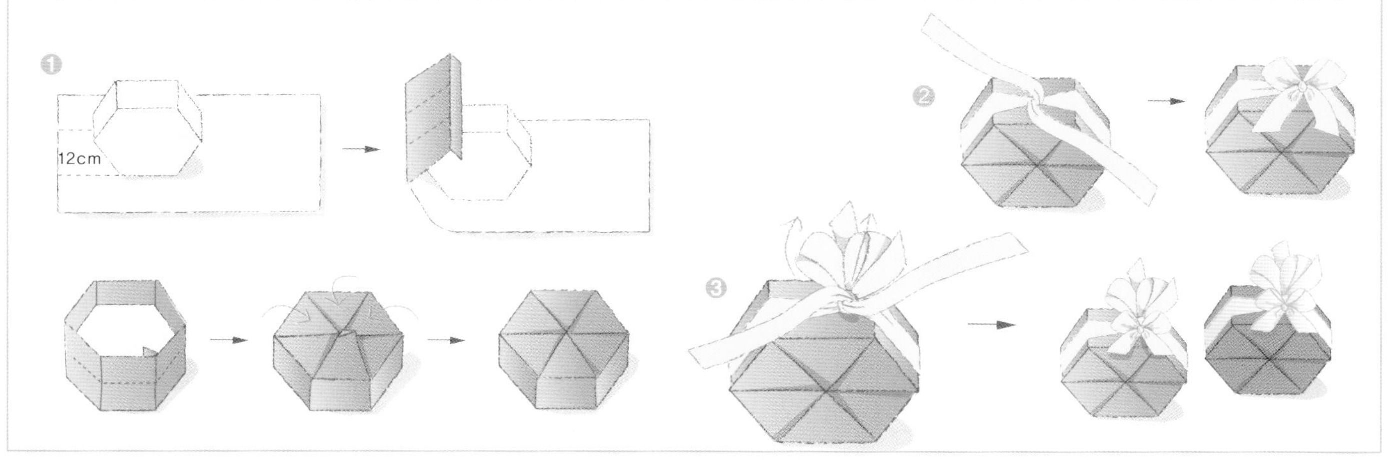

How To Wrapping ♥

♥ **삼각 상자, 꽃 프린트 아트지, 3.5㎝ 폭 핑크 공단 리본, 2㎝ 폭 하트 프린트 화이트 폴리 리본, 글루건, 양면테이프**

1 삼각 상자는 꽃 프린트 아트지로 삼각 상자 보자기식 포장(p20 참고)을 한다.
2 공단 리본으로 상자의 세 모서리를 감싸듯 돌려 감는다.
3 ②의 리본은 상자의 중앙에서 나비 보(p24 참고)를 두 번 묶는다.
4 폴리 리본으로 스타 보(p25 참고)를 만든 다음 ③의 보 위에 글루건을 이용해 붙인다.

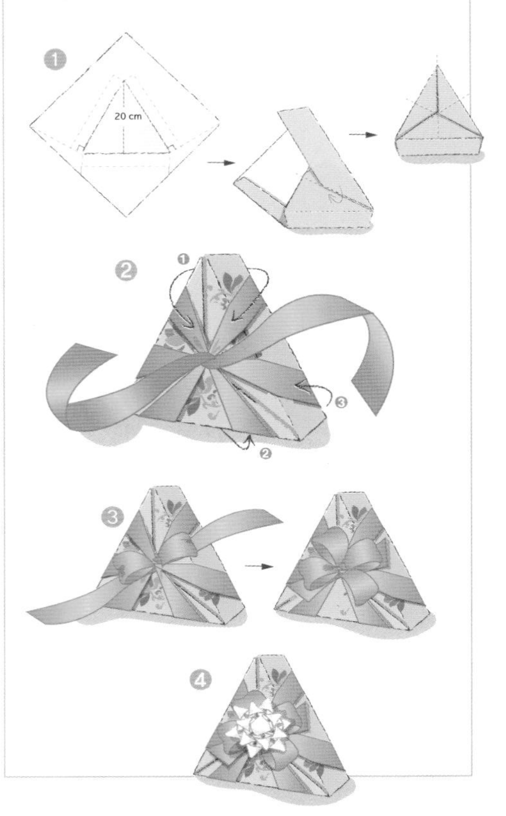

두 가지 리본으로 화사하게 연출한 삼각 포장

모양이 일정하지 않은 선물을 하고자 한다면 일반적으로 많이 사용하는 사각 상자 대신 삼각 상자를 이용해 좀 더 재미있고 독특한 포장이 되도록 해보자. 꽃 프린트가 화려하게 장식된 포장지로 삼각 상자를 포장하고, 리본은 화이트와 핑크를 사용해 두 가지 방법의 보를 만들어 색다른 재미를 더한다.

하트 양초가 사랑스러운 화이트데이 포장

사랑하는 연인을 위해 마련한 화이트데이 선물 포장은 좀 더 특별하게 만들어 봐도 좋을 듯하다. 화이트 포장지로 선물 상자를 포장하고 은은한 핑크 리본을 상자에 두 줄 두른다. 두 리본 가운데에는 자주색 종이 리본을 두르는데, X자 모양이 되도록 모양을 낸다. 그리고 종이 리본에 하트 양초를 더하면 한층 정성어린 느낌을 줄 수 있다.

How To Wrapping

사각 상자, 화이트 포장지, 핑크 골지 스티치 리본, 자주색 종이 리본, 하트 양초, 양면테이프

1 상자는 화이트 포장지로 캐러멜식 포장(p18 참고)을 한다.
2 골지 스티치 리본을 ①의 상자에 두 줄로 둘러 감는다.
3 종이 리본은 두 줄을 만들어 중간에 매듭 짓고 ②의 리본 가운데에 둘러 감는다.
4 종이 리본의 매듭 지은 부분에 하트 양초를 끼운다.
5 종이 리본은 상자의 뒤쪽에서 양면테이프를 붙여 마무리한다.

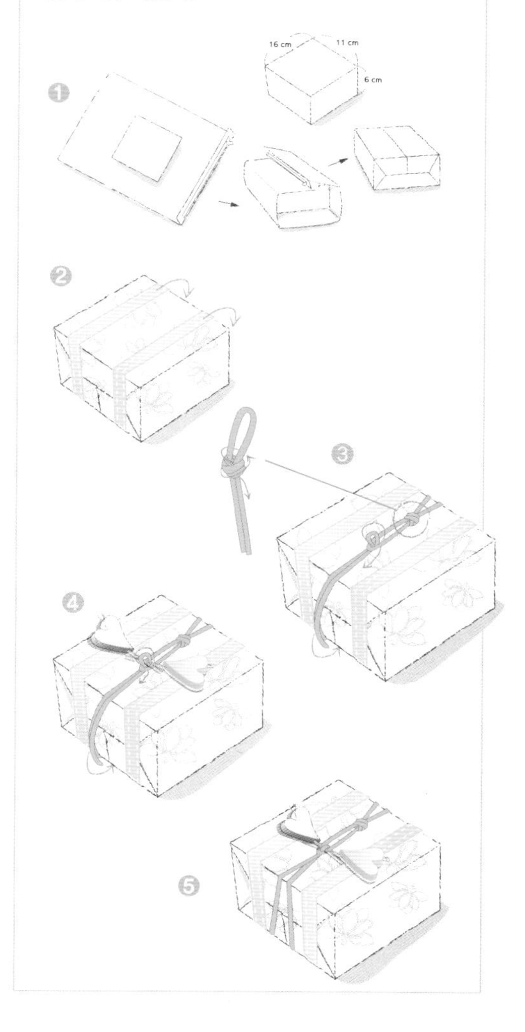

와이어를 여러 번 둘러 재미를 더한 이색 포장

사랑하는 연인에게 프러포즈하는 날, 반지와 함께 사랑하는 마음을 그대로 담아 전달하고 싶다면 반지 케이스 또한 의미 있게 포장하는 것이 좋다. 상자는 짙은 꽃분홍색 포장지로 가지런히 포장하고 마치 두 연인을 하나의 끈으로 묶듯 스프링 와이어를 상자에 친친 동여맨다. 와이어 끝에 두 개의 하트를 달아 사랑하는 마음과 함께 아기자기한 멋을 더한다.

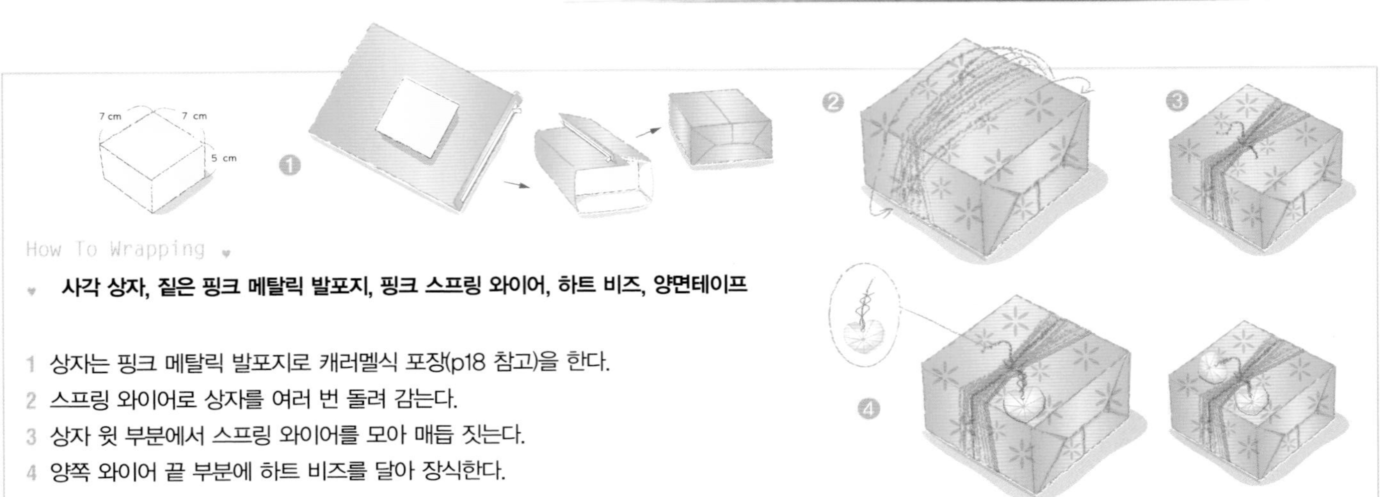

How To Wrapping

사각 상자, 짙은 핑크 메탈릭 발포지, 핑크 스프링 와이어, 하트 비즈, 양면테이프

1 상자는 핑크 메탈릭 발포지로 캐러멜식 포장(p18 참고)을 한다.
2 스프링 와이어로 상자를 여러 번 돌려 감는다.
3 상자 윗 부분에서 스프링 와이어를 모아 매듭 짓는다.
4 양쪽 와이어 끝 부분에 하트 비즈를 달아 장식한다.

How To Wrapping

육각 상자, 핑크 부직포, 4㎝ 폭 핑크 & 레드 새틴 리본, 핑크 체인, 양면테이프

1 p20을 참고하여 상자는 부직포로 육각 상자 캐러멜식 포장을 한다.
2 새틴 리본과 체인을 겹쳐 ①에 일자 매기(p27 참고)를 한다.
3 새틴 리본과 체인을 겹쳐 폼폰 보를 큼직하게 만든 다음 ②의 리본 위에 올리고 나비 보(p24 참고)로 마무리한다.

상자 크기만한 폼폰 보가 화려한 육각 상자 포장

화려하게 포장하고 싶을 때는 폼폰 보를 풍성하게 만들어 본다. 육각 상자를 깔끔하게 포장한 뒤 와이어 리본으로 상자 크기만하게 폼폰 보를 만들어 상자 위에 올린다. 연인에게 기억되는 선물을 하고 싶은 날, 이처럼 평범하지 않은 화려한 포장을 함께한다면 두고두고 잊지 못할 특별한 날로 기억될 것이다.

사랑지수 높여주는 핑크색 톤온톤 보자기식 포장

핑크는 보는 것만으로도 참 사랑스러운 컬러다. 연인에게 사랑하는 마음을 표현하고 싶을 때는 핑크 컬러로 로맨틱한 분위기를 연출해 보자. 하트무늬가 올록볼록 찍힌 엠보싱 핑크 포장지로 선물을 포장하고 핑크 컬러 리본을 코사지 보로 귀엽게 연출했다. 짙은 핑크와 옅은 핑크의 조화가 사랑스러운 포장 아이디어.

How To Wrapping

사각 상자, 핑크 엠보싱지, 1.5㎝ 폭 아이보리 오건디 리본, 0.5㎝ 폭 핑크 골지 리본, 양면테이프

1 상자는 핑크 엠보싱지로 보자기식 포장(p19 참고) 을 한다.
2 오건디 리본과 골지 리본을 겹쳐 ①의 상자에 십자 매기(p27 참고)를 한다.
3 십자 매기한 매듭 위에 골지 리본으로 코사지 보(p25 참고)를 만들어 올린다.
4 ②의 리본으로 코사지 보를 묶어 예쁘게 장식한다.

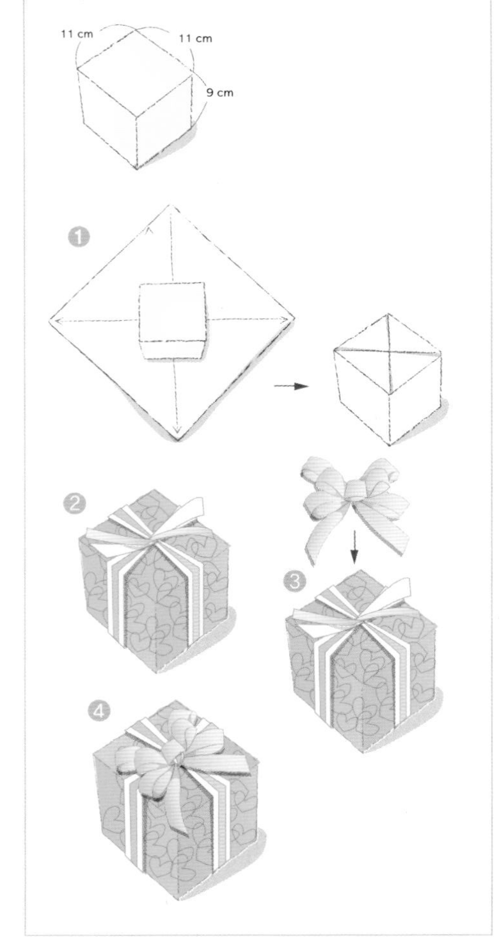

하트 장식을 조로록 연결한 시계 케이스 포장

커플링 못지않게 커플 시계가 유행하는 요즘, 사랑하는 사람을 위해 커플 시계를 마련했다면 사랑스러운 포장으로 그 기쁨을 두 배로 만끽해 보자. 그를 위해선 화이트로, 그녀를 위해선 핑크로 케이스를 포장하고, 핑크 포장에는 화이트 하트 장식을, 화이트 포장에는 핑크 하트 장식을 조로록 연결한다. 간단한 방법이지만 보는 것만으로도 사랑하는 마음이 가득 느껴진다.

How To Wrapping

사각 상자 2개, 트레이싱지(화이트 · 핑크), 가는 공단 리본(그린 · 화이트), 하트 장식, 양면테이프

1 작은 상자는 화이트 트레이싱지로 보자기식 포장(p19 참고)을 하고, 큰 상자는 핑크 트레이싱지로 캐러멜식 포장(p18 참고)을 한다.

2 하트 장식 둘레의 구멍에 공단 리본을 꿰어 하트 장식을 서너 개 연결한다.

3 ②의 리본을 ①의 상자에 둘러 묶는다.

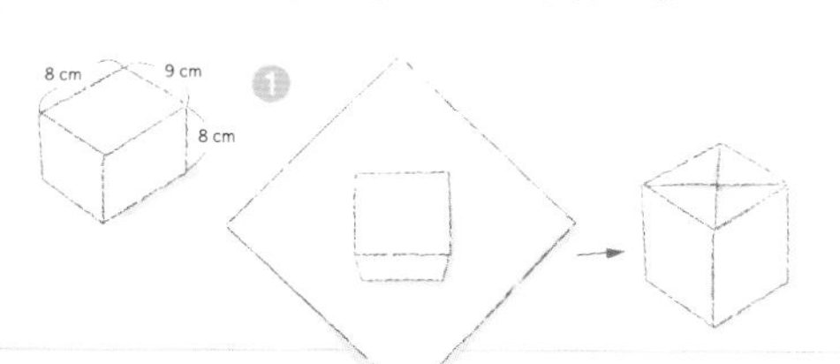

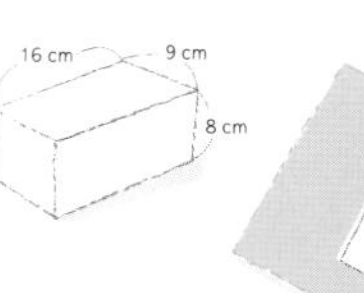

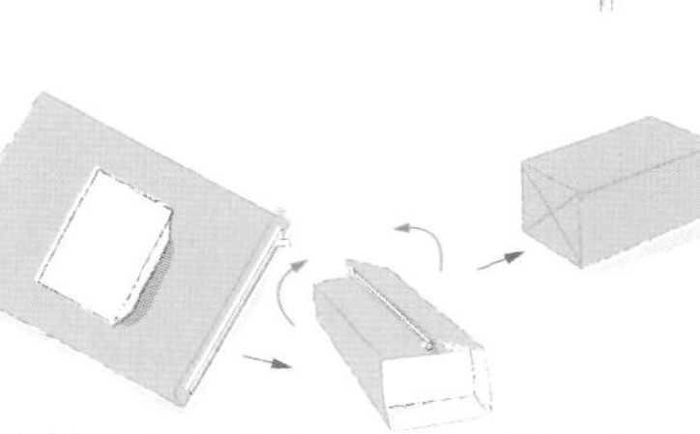

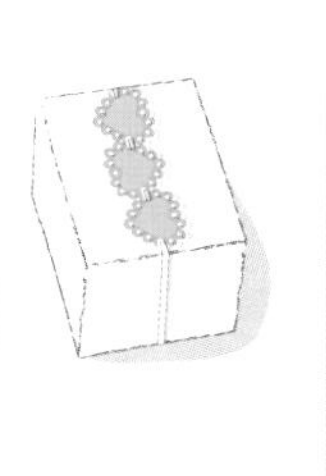

그와 그녀를 위한 도트무늬 리본 포장

기본 포장법 중 보편적으로 흔히 활용하는 캐러멜식 포장과 나비 보만으로도 개성 넘치는 포장을 완성시킬 수 있다. 두 연인을 위해 사각 상자를 하나씩 준비하고 하나는 핑크 포장지로, 다른 하나는 블루 포장지로 각각 캐러멜식 포장을 한 다음 도트무늬가 귀여운 와이어 새틴 리본을 활용해 나비 보를 큼직하게 만들어 포장한다. 리본의 끝을 안쪽으로 둥글게 말아 마치 나비 보를 두 개 묶은 것처럼 연출해 본다.

How To Wrapping

사각 상자 2개, 핑크 펄 포장지, 블루 스타드림지, 4㎝ 폭 핑크 도트무늬 와이어 새틴 리본, 양면테이프

1 상자는 각각 핑크 펄 포장지와 블루 스타드림지로 캐러멜식 포장(p18 참고)을 한다.
2 와이어 새틴 리본으로 상자에 각각 십자 매기(p27 참고)를 한다.
3 리본은 나비 보(p24 참고)로 마무리하고 리본 끝을 안쪽으로 살짝 말아 넣는다.

How To Wrapping

핑크 사각 상자, 트레이싱지, 가죽 끈, 와이어 하트 장식, 태그, 양면테이프

1 p23을 참고하여 트레이싱지로 핑크 상자를 커버링한다.
2 가죽 끈을 ①의 상자의 긴 쪽에 한 번 돌려 묶는데, 매듭은 위쪽에서 마무리한다.
3 하트 장식을 가죽 끈 위에 묶어 상자를 장식한다.
4 태그에 펀치로 구멍을 내고 가죽 끈을 단 다음 상자 위에 묶어 마무리한다.

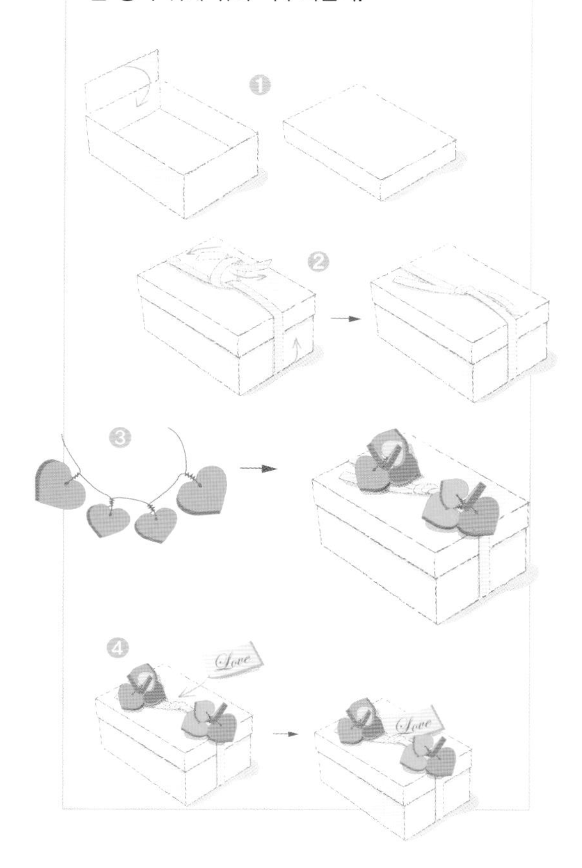

끈과 소품만으로 센스 있게 표현한 하트 장식 포장

리본 대신 장식 소품을 활용하는 포장으로 나만의 개성을 발휘해 보자. 가는 끈에 하트 장식 소품을 여러 개 연결해 상자에 묶었더니 귀엽고 사랑스러운 포장이 완성되었다. 하트 장식 소품을 사용할 때는 한두 개보다 여러 개를 한꺼번에 연결하면 한결 돋보이는 장식을 할 수 있다. 하트 장식 옆에 사랑의 글 한 줄 적어 마음을 표현해 봐도 좋을 듯하다.

레드 컬러가 눈길 끄는 밸런타인데이 선물 포장

밸런타인데이 선물 포장에는 뭐니 뭐니 해도 레드 컬러가 돋보인다. 상자 안에 초콜릿을 가득 담고 레드 컬러 포장지로 깔끔하게 포장한다. 그리고 하트무늬가 예쁘게 새겨진 가는 리본을 상자에 둘러 묶은 다음 기다란 하트 장식 소품 하나 꽂으면 너무나 사랑스러운 초콜릿 포장이 된다.

박스와 같은 컬러 리본만 묶은 심플 포장

밸런타인데이 이벤트를 위해 선물을 준비했다면 간단한 방법이라도 그 의미를 전달할 수 있도록 포장하는 것이 좋다. 레드 컬러 포장지에 레드 컬러 리본을 묶고 하트 장식만을 올렸을 뿐인데도 밸런타인데이의 의미를 전달하기 충분하다.

How To Wrapping ♥

♥ **사각 상자, 레드 엠보싱지, 0.5㎝ 폭 하트 프린트 공단 리본, 하트 픽, 양면테이프**

1 상자는 레드 엠보싱지로 캐러멜식 포장(p18 참고)을 한다.
2 공단 리본으로 상자 옆쪽에 십자 매기(p27 참고)를 한 다음 나비 보(p24 참고)로 묶는다.
3 상자 위 리본에 하트 픽을 꽂아 장식한다.

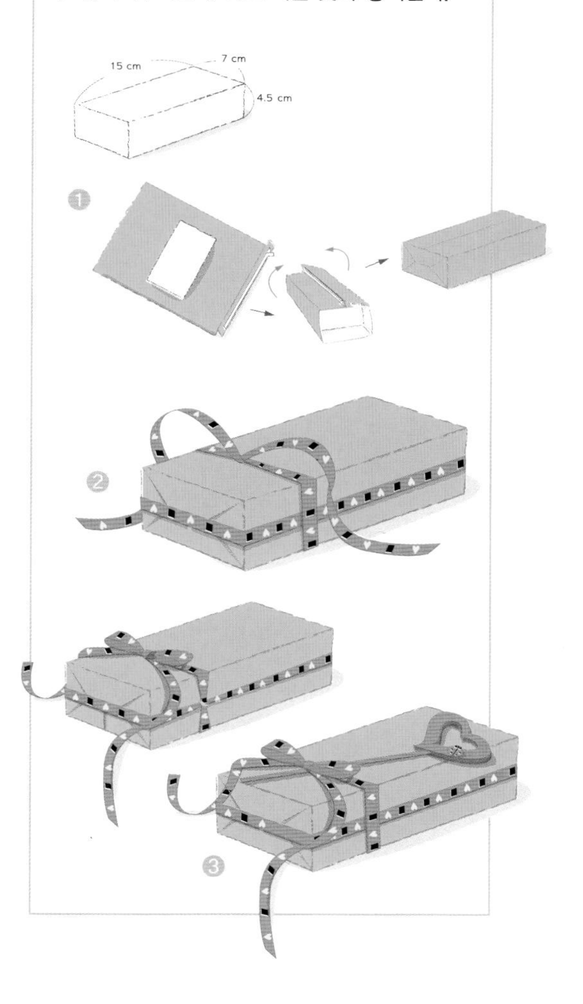

How To Wrapping ♥

♥ **사각 상자(레드 · 화이트), 1.5㎝ 폭 하트 장식 레드 오건디 리본, 0.5㎝ 폭 스티치 레드 골지 리본, 0.5㎝ 폭 레드 공단 리본, 하트 집게 2개, 양면테이프**

1 화이트 상자에 공단 리본으로 십자 매기(p27 참고)를 한 다음 나비 보(p24 참고)로 마무리한다.
2 하트 장식 집게로 나비 보를 집어 장식한다.
3 오건디 리본과 골지 리본을 겹쳐 레드 상자에 십자 매기를 한 다음 나비 보로 묶고 하트 집게를 집어 장식한다.

포장 자체에 의미 가득 담은 초콜릿 포장

밸런타인데이는 연인뿐만 아니라 친구나 고마운 사람들에게 초콜릿을 선물하는 날이기도 하다. 작은 초콜릿이라도 상자에 담아 예쁘게 포장한다면 그 의미는 훨씬 더 크게 느껴질 것이다. 여러 사람에게 줄 초콜릿은 작은 것으로 여러 개 준비한다. 상자 또한 여러 개 준비해 초콜릿을 가지런히 담고 붉은 오건디 리본을 활용해 상자보다 크게 보를 만들어 묶는다. 여기에 비즈나 장식 소품까지 더한다면 한결 마음 설레게 하는 포장이 될 것이다.

오건디 리본 위에
가는 벨벳 리본을 겹쳐
포인트를 주고, 리본 끝을
한 번 묶어 모양에
변화를 준다.

리본 장식만으로
심심할 때는 장식 소품
하나를 더한다.
밸런타인데이의 의미를
담은 하트 장식은 어떨까

마치 보석처럼 반짝이는
원색 유리 비즈를
보 위에 올려 장식하니
고급스러우면서도
화려한 느낌이 한층 산다.

How To Wrapping

레드 상자(사각 · 원형), 4㎝ 폭 레드 오건디 리본, 0.5㎝ 폭 벨벳 리본, 하트 오너먼트, 와이어 비즈 장식

1. 오건디 리본으로 사각 상자에 일자 매기(p27 참고)를 하는데, 벨벳 리본을 연결한 하트 오너먼트를 끼워 묶는다.
2. 나비 보(p24 참고)를 묶고 리본 끝을 한 번 돌려 감아 마무리한다.
3. 원형 상자에 오건디 리본으로 일자 매기한 다음 나비 보를 묶는다.
4. ③의 나비 보 위에 와이어 비즈 장식을 달아 장식한다.

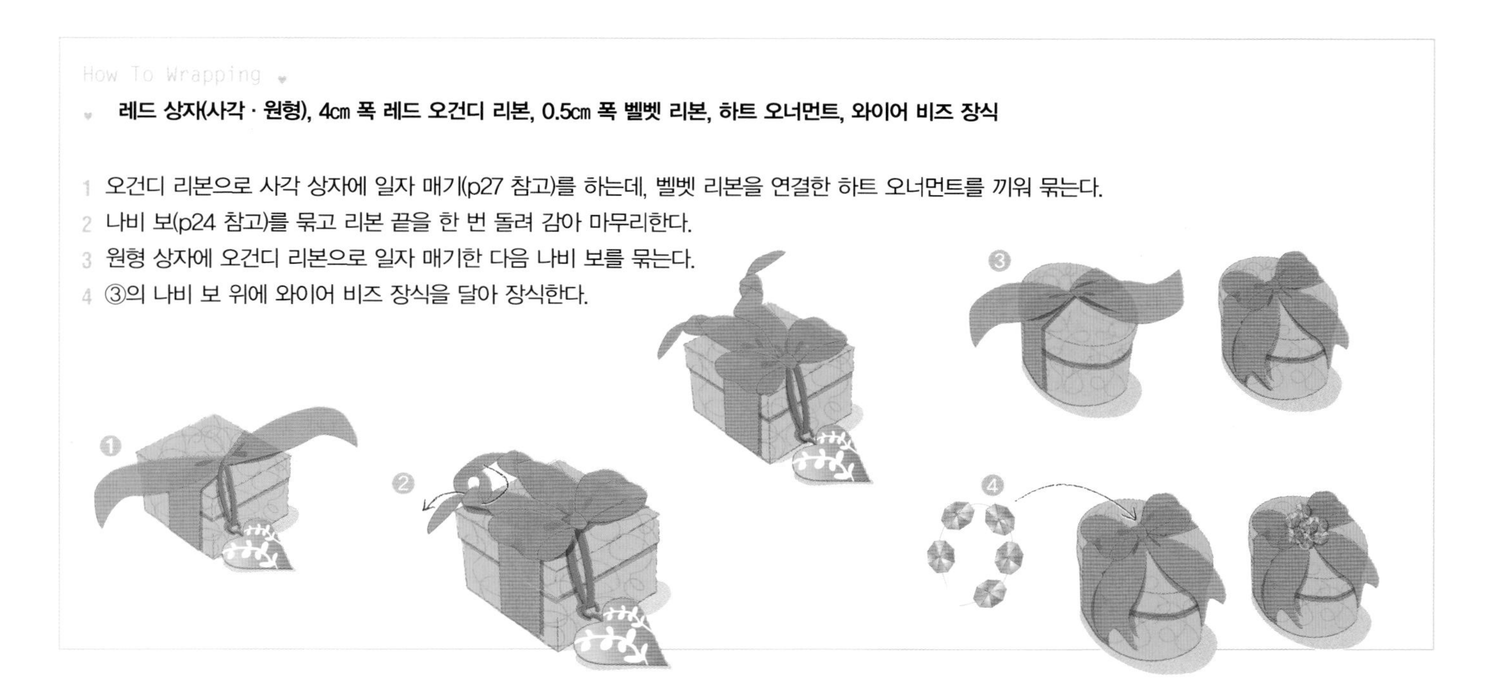

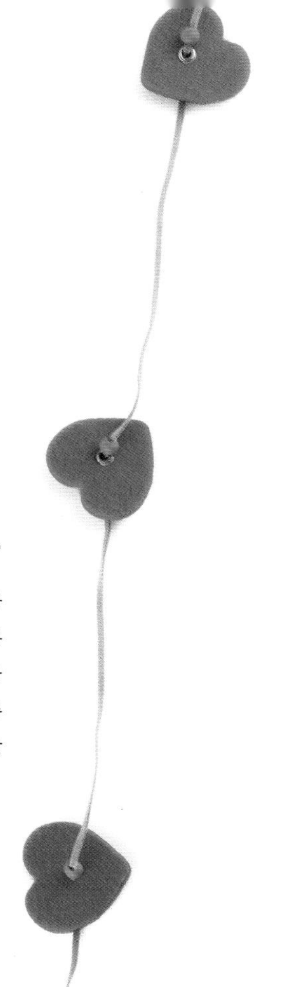

하트 장식을 빙 둘러 묶은 육각 포장

연인에게는 특별한 선물을 해주고 싶은 것이 사랑하는 사람의 마음일 터. 하지만 마땅한 선물을 마련하지 못했을 때는 포장이라도 특별하게 만들어 보면 어떨까? 육각 상자를 마련하여 선물을 담은 다음 깔끔하게 포장한다. 그리고 가는 끈에 하트 장식을 여러 개 촘촘하게 엮어 상자 주위를 빙 둘러 묶는다. 하트가 가득 표현된 선물 상자는 선물 이상의 가치를 느끼게 해준다.

"하트 장식을 여러 개 연결한 가죽 끈을 상자 주위에 빙 둘러가며 화려하게 장식한다. 특별한 장식을 하고 싶을 때는 리본보다 장식 소품을 매치하는 것이 효과적일 수 있다."

How To Wrapping

육각 상자, 아트지, 가죽 끈, 하트 장식, 나무 구슬, 양면테이프

1 p20을 참고하여 상자를 육각 상자 캐러멜식 포장을 한다.
2 가죽 끈에 하트 장식을 끼우고 나무 구슬을 끼운 다음 가죽 끈을 매듭 짓는다. 이러한 방법을 여러 번 반복해 가죽 끈에 하트 장식을 여러 개 연결한다.
3 ②의 하트 장식 가죽 끈을 ①의 포장한 육각 상자 옆면에 여러 번 친친 감아 장식한다.

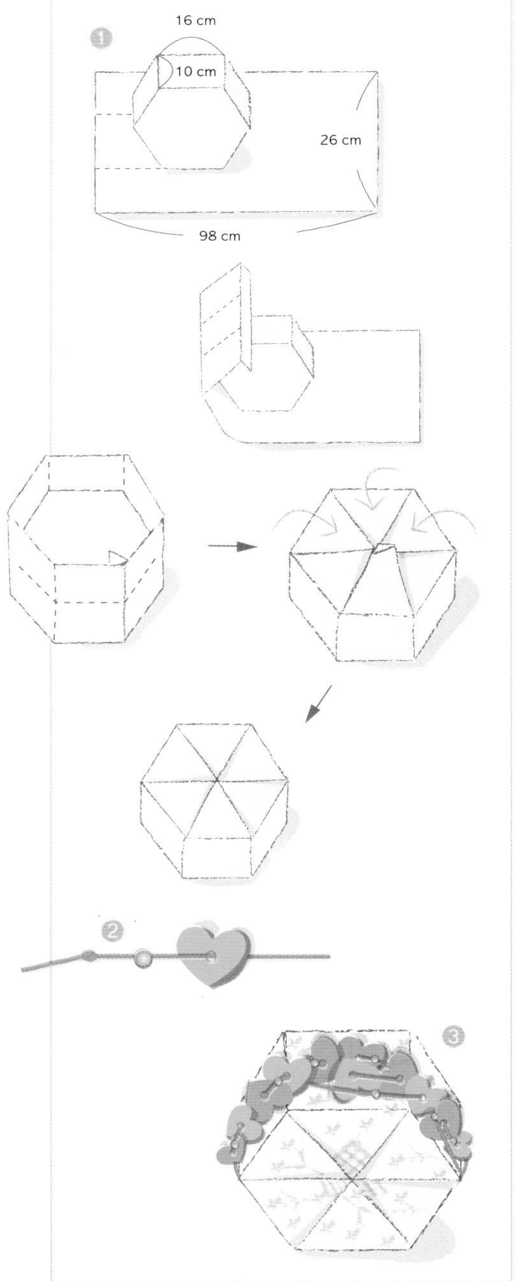

비즈 액세서리에 리본을 연결한 색다른 럭셔리 포장

연인들은 서로를 연결하는 커플링이나 커플 액세서리 하나쯤 갖기를 원한다. 그와 그녀를 위한 커플 액세서리를 마련했다면 복잡한 장식 대신 커플 느낌을 한껏 살리는 포인트 장식으로 특별함을 더한다. 단정하면서 화려하게 포장하길 원한다면 리본 보를 만드는 대신 큐빅 버클을 활용한다. 리본에 큐빅 버클만 연결해 깔끔하고 심플하게 장식한다.

How To Wrapping

사각 상자 2개, 레드 아트지, 블랙 레자크지, 0.5㎝ 폭 스티치 벨벳 리본(레드 · 블랙), 큐빅 버클(하트 · X자 모양), 양면테이프

1 상자 하나는 블랙 레자크지로, 다른 하나는 레드 아트지로 각각 캐러멜식 포장(p18 참고)을 한다.

2 하트 모양 큐빅 버클에는 블랙 리본을 두 줄 끼우고, X자 모양 큐빅 버클에는 레드 리본을 한 줄 끼운다.

3 버클을 끼운 레드 리본은 레드 상자에, 블랙 리본은 블랙 상자에 두르고 뒤쪽에 양면테이프를 붙여 고정한다.

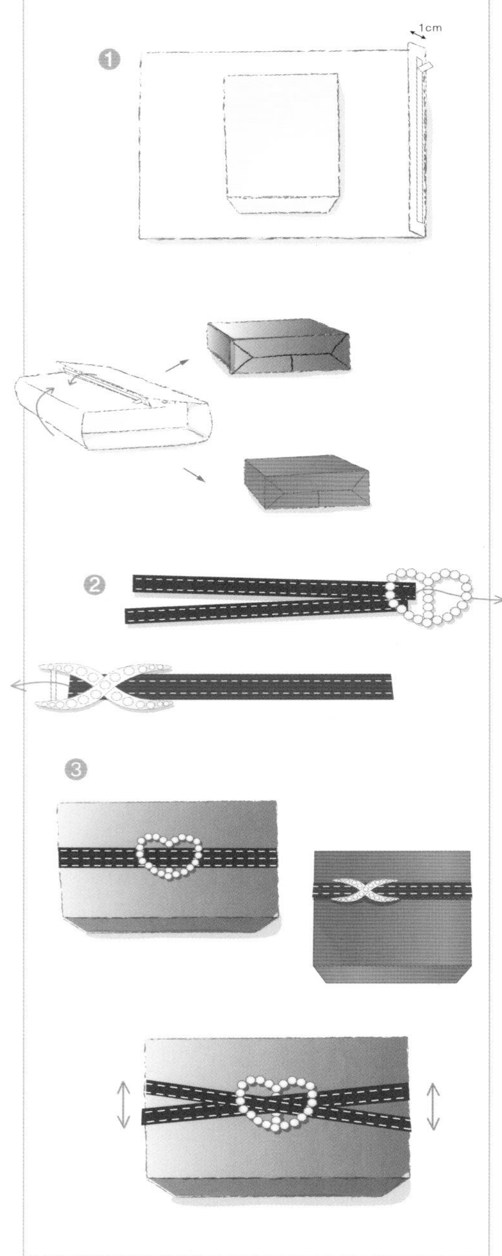

How To Wrapping

사각 상자 2개, 도트무늬 레자크지(핑크 · 블루), 1㎝ 폭 공단 리본(핑크 · 블루), 이미테이션 진주 와이어, 양면테이프

1 p23 상자 커버링을 참고하여 상자는 뚜껑을 제외하고 핑크 레자크지로 커버링한다.
2 상자에 뚜껑을 덮고 핑크 공단 리본으로 일자 매기(p27 참고)를 한 다음 진주 와이어를 동그랗게 만들어 리본에 끼우고 나비 보(p24 참고)로 마무리한다.
3 ①~②와 같은 방법으로 블루 도트무늬 레자크지와 블루 리본으로 상자를 포장한다.

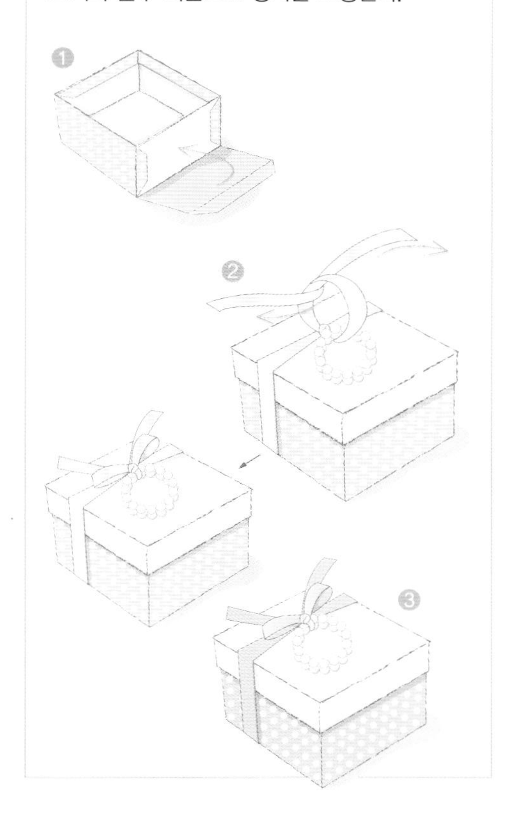

리본에 진주 비즈를 연결한 커플 액세서리 포장

결혼기념일과 같이 둘만을 기념하는 특별한 날엔 커플 액세서리를 마련해 보자. 작은 상자를 핑크와 블루 컬러로 각각 포장한 다음 이미테이션 진주 와이어를 준비해 리본에 연결하고 상자에 묶는다. 핑크 상자에는 핑크 리본을, 블루 상자에는 블루 리본을 묶어 컬러를 매치하면 토라진 마음까지 사로잡는 선물 포장이 될 것이다.

핑크톤 컬러와 리본의 매치가 사랑스러운 봉투 포장

선물을 상자에 담아 예쁘게 리본을 묶어 포장하는 방법도 좋지만 선물이 담기는 봉투만 잘 만들어도 근사한 선물이 될 수 있다. 프린트가 잔잔한 포장지로 봉투를 만들고 여기에 잘 어울리는 리본을 붙여 장식한다. 그리고 하트 액세서리를 더해 단조로움을 커버한다. 리본을 선택할 때는 봉투의 컬러와 대비되는 컬러보다는 은은하게 매치되는 컬러를 선택하는 것이 봉투의 고급스러움을 살리는 포인트. 봉투를 만드는 종이는 조금 두툼한 것으로 준비하는 것이 좋다.

How To Wrapping

작은 봉투

패턴 페이퍼, 1㎝ 폭 핑크 공단 리본, 1㎝ 폭 화이트 골지 리본, 3㎝ 폭 화이트 레이스 리본, 태슬, 하트 태그, 양면테이프

1 패턴 페이퍼를 그림과 같은 사이즈로 A, B를 재단한다.
2 ①의 점선을 따라 패턴 페이퍼를 접어 삼각형 모양의 봉투를 만든다. 3×4㎝ 크기로 패턴 페이퍼를 잘라 양 옆에 시접 1㎝를 안쪽으로 접은 다음 삼각형 봉투의 양 옆에 붙인다.
3 ①의 물결무늬로 재단한 B를 봉투 뚜껑 앞에 붙여 장식한 다음 봉투 뚜껑 맨 위쪽에 공단 리본을 붙이고, 맨 아래 쪽에는 레이스 리본을 붙인다. 그리고 레이스 리본 위에 골지 리본을 붙인다.
4 골지 리본 위쪽으로 태슬을 붙이고 하트 태그를 달아 봉투를 장식한다.

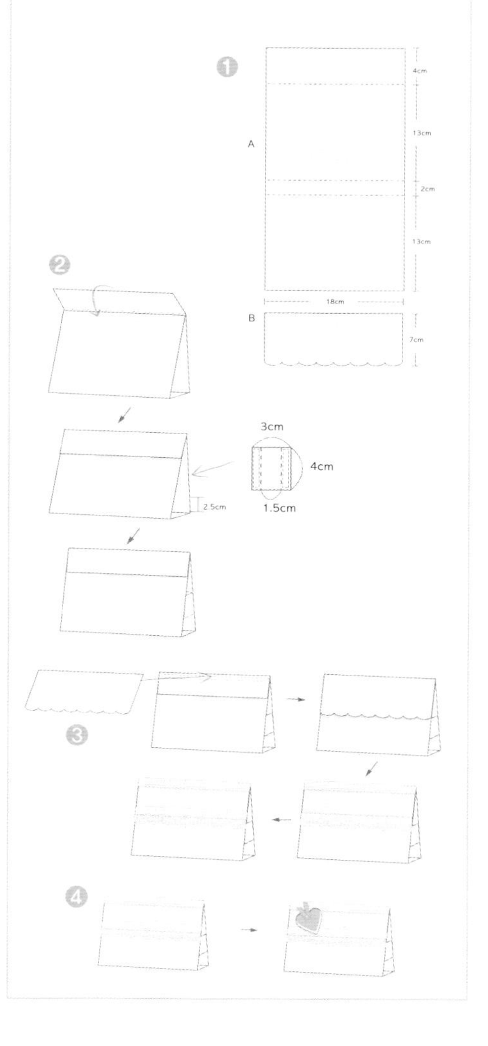

How To Wrapping

큰 봉투

패턴 페이퍼, 0.5㎝ 폭 핑크 골지 리본, 1㎝ 폭 도트무늬 핑크 골지 리본, 1㎝ 폭 스트라이프 골지 리본, 1㎝ 폭 물방울무늬 화이트 공단 리본, 1.5㎝ 폭 하트 장식 초콜릿 컬러 오건디 리본, 5㎝ 폭 핑크 오건디 리본, 2㎝ 폭 초콜릿 컬러 오건디 리본, 부직포 하트 2개, 펀치, 양면테이프

1 패턴 페이퍼를 그림과 같은 크기로 재단하고 점선을 따라 옆면이 M자 모양이 되도록 접는다.
2 p22 봉투 만들기 1처럼 봉투를 만든다.
3 봉투 앞면에 위에서부터 핑크 골지 리본, 하트 장식 오건디 리본을 붙이고 핑크 오건디 리본과 핑크 도트무늬 골지 리본을 겹쳐 붙인 다음 스트라이프 골지 리본과 하트 장식 오건디 리본을 겹쳐 붙인다. 핑크 도트무늬 골지 리본 위에 부직포 하트 두 개를 붙여 장식한다.
4 봉투 위쪽에 펀치로 구멍을 두 개 뚫고 초콜릿 컬러 오건디 리본을 묶는다.

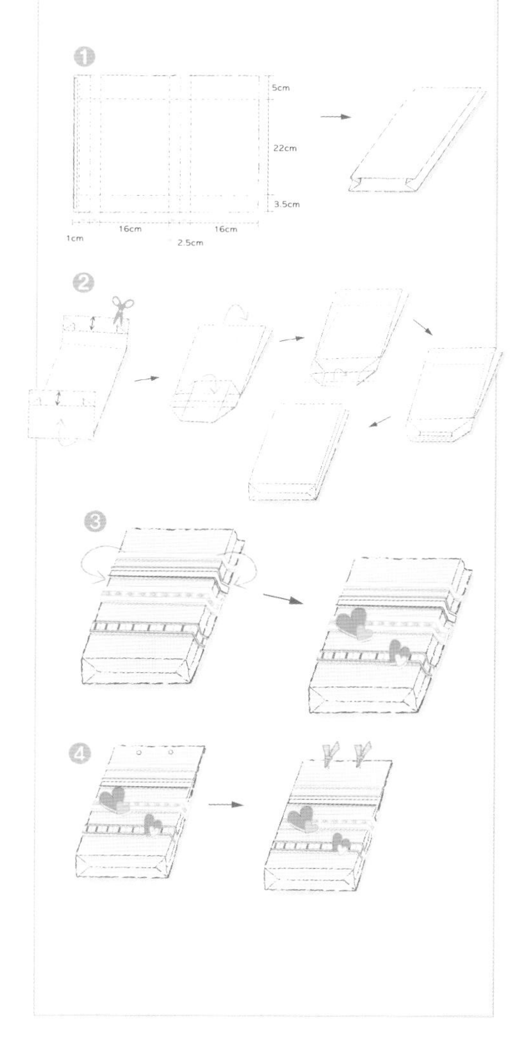

스타일이 다른 여러 개의 리본으로 멋을 낸 박스 포장

포장지와 리본은 어떤 것을 어떻게 매치해 포장하느냐에 따라 선물의 의미가 달라지기도 한다. 다양한 컬러와 패턴의 포장지와 리본 중 어떤 것을 선택해야 할지 막막하다면 톤온톤 컬러를 선택하는 것이 가장 쉬운 방법. 연인을 위한 선물을 포장할 계획이라면 핑크를 선택해 보자. 핑크 톤 포장지에 짙은 핑크와 옅은 핑크 리본을 매치하고 화이트 레이스까지 살짝 더해 본다. 또한 원하는 리본이 없을 때는 포장지를 잘라 리본과 매치해 봐도 좋다.

How To Wrapping

작은 상자

사각 상자, 핑크 아트지, 핑크 도트무늬 포장지, 7㎝ 폭 레이스 리본, 2.5㎝ 폭 짙은 핑크 공단 리본, 0.5㎝ 폭 옅은 핑크 리본, 1㎝ 폭 도트무늬 폴리 리본, 양면테이프

1 상자는 핑크 아트지로 보자기식 포장(p19 참고)을 한다.
2 레이스 리본을 ①의 상자에 둘러 붙인다. 도트무늬 포장지를 9×37㎝ 길이로 자른 다음 4.5㎝ 폭이 되도록 양쪽을 안으로 접어 넣고 레이스 리본 위에 붙인 후 그 위에 짙은 핑크 공단 리본, 옅은 핑크 공단 리본 순으로 둘러 붙인다.
3 폴리 리본으로 스타 보(p26 참고)를 만든 다음 양면테이프를 이용해 ②의 리본 위에 붙인다.

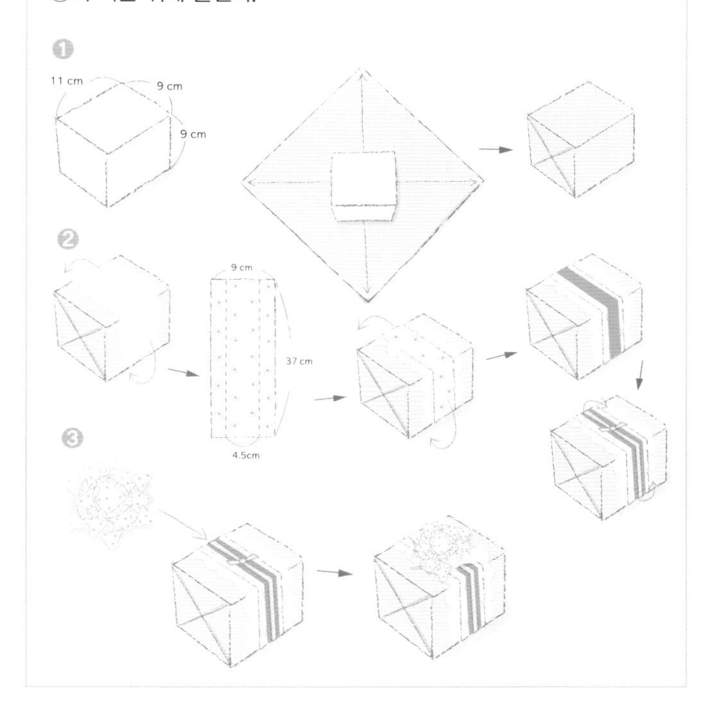

How To Wrapping

큰 상자

사각 상자, 핑크무늬 크래프트지, 3㎝ 폭 공단 리본, 1.5㎝ 폭 하트 장식 핑크 오건디 리본, 하트 태그, 글루건, 양면테이프

1 상자는 크래프트지로 캐러멜식 포장(p18 참고)을 한다.
2 공단 리본으로 상자에 십자 매기(p27 참고)를 한다.
3 오건디 리본을 공단 리본 위에 가로로 일자 매기(p27 참고)한 다음 나비 보(p24 참고)로 마무리하고, 글루건으로 하트 태그를 붙여 장식한다.

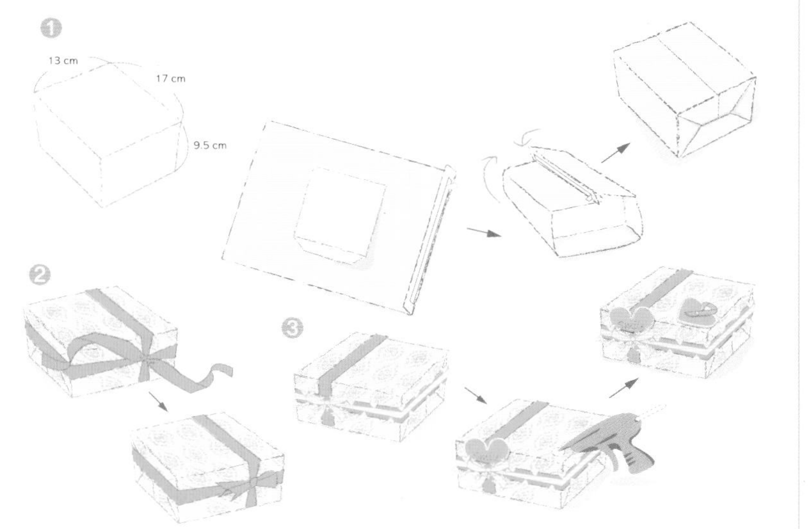

핑크 장미와 초콜릿으로 코사지를 만들어 올린 밸런타인데이 초콜릿 포장

사랑하는 연인에게 초콜릿과 함께 마음을 전달하는 밸런타인데이…. 초콜릿을 준비했다면 꽃도 함께 준비해 보자. 꽃 또한 큰 꽃다발보다는 작은 코사지를 만들어 초콜릿과 함께 전한다면 한결 정성스럽고 감동적인 선물이 될 것이다. 초콜릿 상자는 핑크 포장지로 깨끗하게 포장한 다음 핑크 장미로 코사지를 만드는데, 동그란 화이트 초콜릿을 함께 포장해 상자 위에 올린다.

How To Wrapping ♥

♥ **초콜릿 상자, 핑크 아트지, 장미, 둥근 화이트 초콜릿 2개, 쿠킹랩, 와이어, 종이테이프, 1㎝ 폭 화이트 공단 리본, 글루건, 양면테이프**

1 초콜릿 상자는 아트지로 캐러멜식 포장(p18 참고)을 한다.
2 화이트 초콜릿은 쿠킹랩으로 감싼 다음 와이어로 대를 만들고 종이테이프를 감는다. 장미도 와이어를 끼우고 종이테이프로 감는다.
3 화이트 초콜릿과 장미를 보기 좋은 모양으로 코사지를 만들고 와이어에 공단 리본을 감은 다음 나비 보(p24 참고)로 마무리한다.
4 ①의 포장한 초콜릿 상자 위에 글루건을 이용해 ④의 코사지를 붙인다.

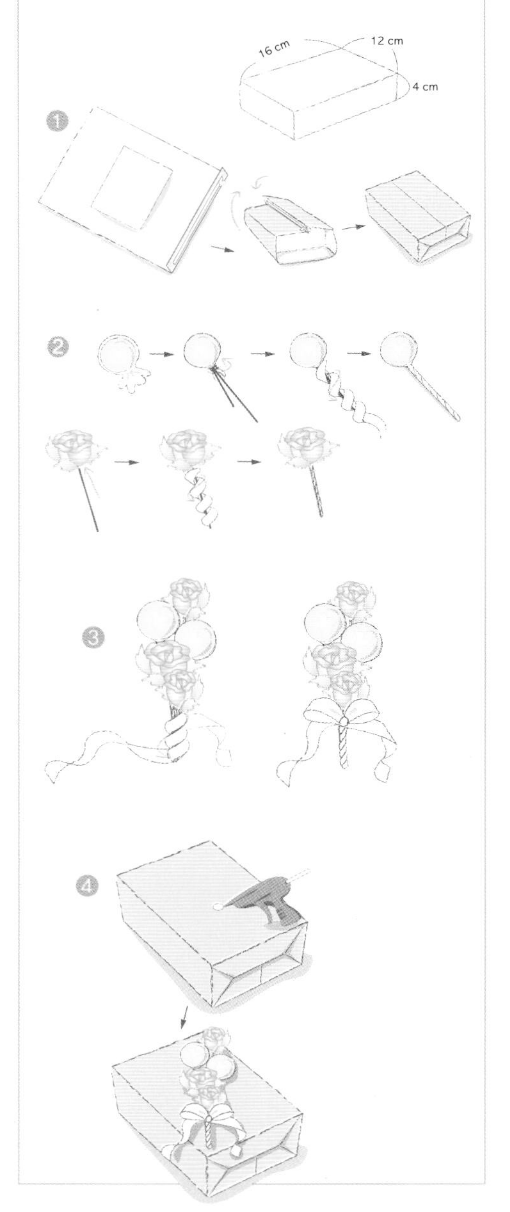

은은한 트레이싱지와 핑크 깃털이 어우러진 미니 봉투 포장

트레이싱지는 묘한 매력이 있는 소재이기 때문에 선물 포장에 적절하게 응용하면 아주 예쁜 포장을 할 수 있다. 트레이싱지로 작은 봉투를 만들어 초콜릿이나 사탕, 쿠키 등을 넣어 선물하면 좋은데, 여기에 진주 구슬이나 깃털, 리본 장식을 더하면 보다 센스 있는 포장이 된다. 트레이싱지로 납작한 봉투를 만든 다음 봉투 아래쪽에 구멍을 내 구슬 체인과 핑크 깃털을 달아 장식한다.

트레이싱지, 가는 구슬 체인, 핑크 작은 깃털, 펀치, 양면테이프

1 트레이싱지를 그림과 같은 크기로 재단한다.
2 완성 크기에 맞춰 점선을 따라 접고 아래쪽 시접에만 양면테이프를 붙여 봉투를 만든다.
3 봉투 밑부분 가운데에 펀치로 구멍을 낸다,
4 가는 구슬 체인을 ③의 구멍에 넣어 나비 보(p24 참고)로 마무리하고 깃털을 꽂아 장식한다.

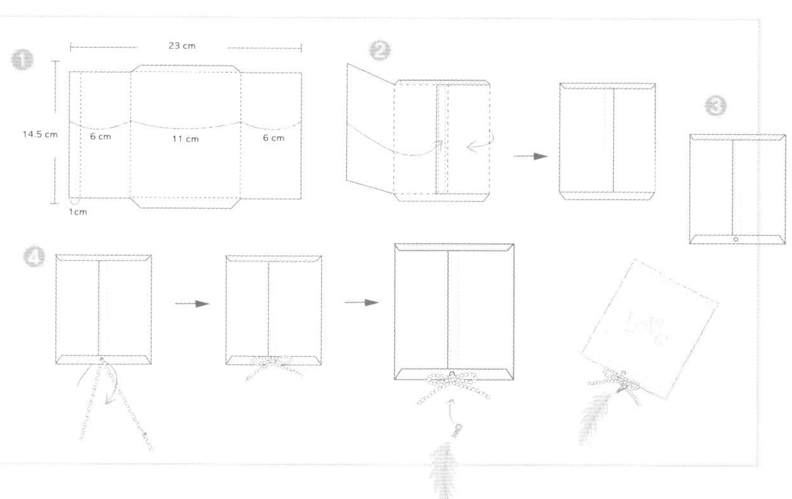

Father
Mother

For Thanks . . .

Part 4

다 채울 수 없는 감사의 마음을 보냅니다~

감사 선물 포장

감사의 마음을 전할 누군가가 많을수록 당신의 삶은 더 풍요로운 것이 아닐까요? 선물은 단지 주는 이의 마음을 표현하고 받는 이를 기쁘게 하는 것 이상의 의미가 있지요. 그러한 의미는 선물 자체보다는 그것을 감싸고 있는 포장에서 이미 느낄 수 있습니다. 물건으로서 다 담을 수 없는 당신의 마음을 두 배의 감동으로 전해줄 선물 포장, 주는 이가 더 풍요로워지는 비결이랍니다.

How To Wrapping

사각 상자 2개, 골드&다크브라운 스트라이프 · 물결무늬 포장지, 2㎝ 폭 골드 공단 리본, 골드 조화, 글루건, 양면테이프

1 작은 상자는 물결무늬 포장지로, 큰 상자는 스트라이프 포장지로 각각 캐러멜식 포장(p18 참고)을 한다.
2 큰 상자 위에 작은 상자를 올린 후 골드 공단 리본으로 십자 매기(p27 참고)를 한다.
3 리본은 나비 보(p24 참고)로 마무리한 다음 그 위에 조화를 글루건으로 붙인다.

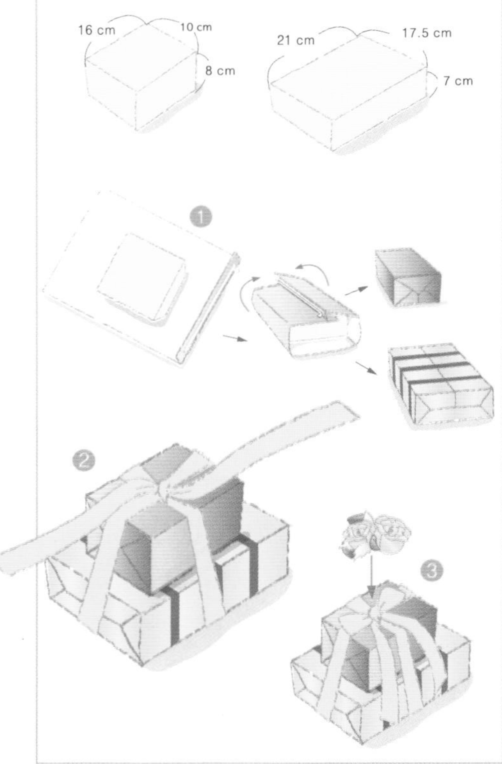

골드 & 브라운 매치가 고급스러운 2단 포장

부모님이나 은사, 웃어른에게 감사의 선물을 전할 때는 고급스러운 분위기로 포장해 선물을 돋보이게 하는 것이 좋다. 포장지나 리본을 골드 컬러로 선택하면 화려함이 배가된다. 다크브라운과 골드 컬러를 매치해 은은한 고급스러움을 살렸으며 포인트를 주기 위한 조화 역시 골드 톤의 컬러를 선택해 럭셔리한 분위기를 한껏 살렸다.

노방 천으로 모던함 더한 보자기 포장

포장지가 아닌 노방 천을 이용한 포장으로 새로운 느낌을 연출해 보자. 와이어 처리가 되어 있는 둥근 노방 천 위에 상자를 올리고 노방 천을 위쪽으로 모아 묶는 간단한 방법으로 포장이 완성된다. 노방 천의 와이어를 어떻게 모양 내느냐에 따라 포장의 느낌이 달라지므로 여러 가지 연출이 가능하다. 브라운 컬러의 노방 천과 같은 톤의 리본이 어우러져 고급스럽고 우아한 느낌이다.

How To Wrapping

사각 상자, 와이어 처리된 브라운색 둥근 노방 천, 1㎝ 폭 브라운색 오건디 리본

1 둥근 노방 천 중앙에 상자를 올린다.
2 노방 천을 반 접어 양 끝이 맞닿도록 한다.
3 나머지 면의 노방 천도 위로 올려 노방 천을 한데 모은다.
4 오건디 리본을 상자 가까이에서 묶어 매듭 짓는다.
5 리본은 나비 보(p24 참고)로 마무리하고 위쪽의 노방 천은 가지런히 모양을 살린다.

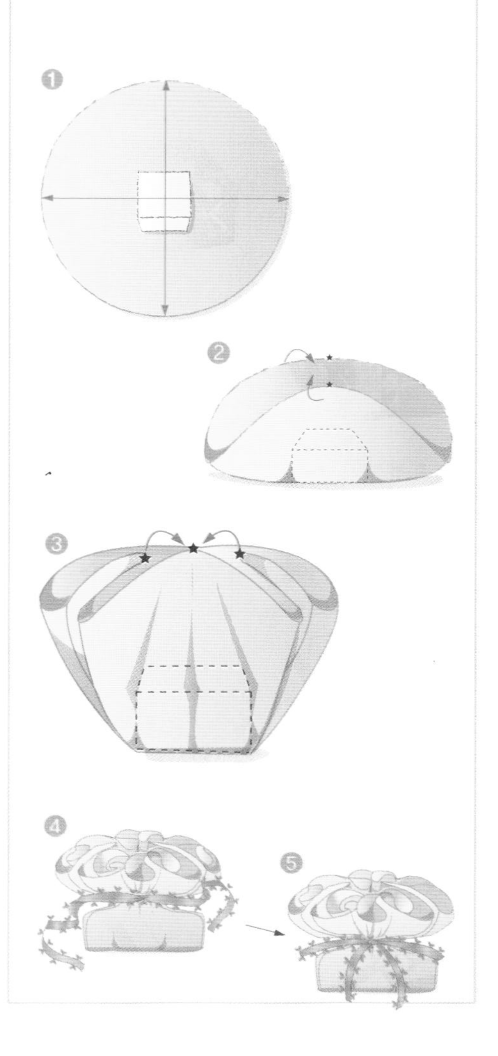

How To Wrapping

둥근 상자 2개, 아이보리 발포지, 4㎝ 폭 새틴 리본(아이보리·블랙), 양면테이프

1 상자는 아이보리 발포지로 원통 캐러멜식 포장(p21 참고)을 한다.
2 포장한 상자 둘레의 중간에 리본을 빙 둘러 붙인다.
3 리본으로 스타 보(p26 참고)를 큼직하게 만든 다음 상자 위에 붙인다.

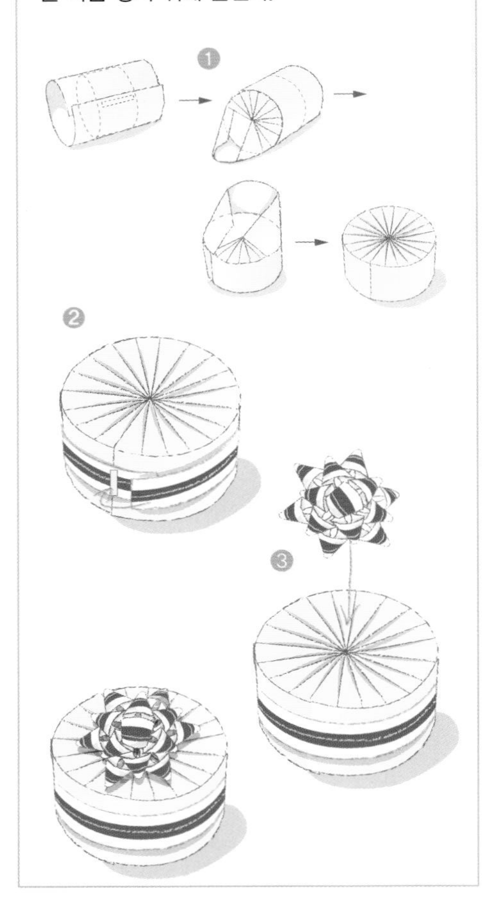

큼직한 스타 보가 인상적인 둥근 상자 포장

흔하지 않은 특별한 포장을 원한다면 사각 상자 대신 둥근 상자를 활용해 보자. 둥근 상자를 아이보리 컬러 포장지로 원통 캐러멜식 포장을 해 깔끔하게 마무리하고 스타 보를 큼직하게 만들어 상자 위에 붙인다. 리본은 골드 라인이 고급스러운 아이보리와 블랙 두 가지를 선택해 한층 세련된 느낌을 준다.

도트무늬 싱글 보가 세련된 커플 선물 포장

어르신 내외분께 드릴 선물은 비슷한 분위기로 맞춰 포장하는 것이 좋다. 컬러만 다른 포장지와 리본을 사용해 같은 분위기로 포장한다. 반짝반짝 은은한 빛의 펄 소재 포장지와 같은 컬러의 도트무늬가 프린트된 리본을 매치해 산뜻하고 깔끔하게 포장을 완성한다. 리본은 싱글 보로 매듭 지어 심플한 멋까지 살려본다.

How To Wrapping

사각 상자 2개, 엠보싱 펄 포장지(브론즈 · 실버), 3.5㎝ 폭 도트무늬 와이어 새틴 리본(브라운 · 카키), 양면테이프

1 상자는 브론즈 펄 포장지와 실버 펄 포장지로 각각 보자기식 포장(p19 참고)을 한다.
2 브론즈 펄 포장 상자에는 브라운 리본을, 실버 펄 포장 상자에는 카키 리본을 각각 십자 매기(p27 참고)한다.
3 리본은 각각 싱글 보(p24 참고)로 묶는다.

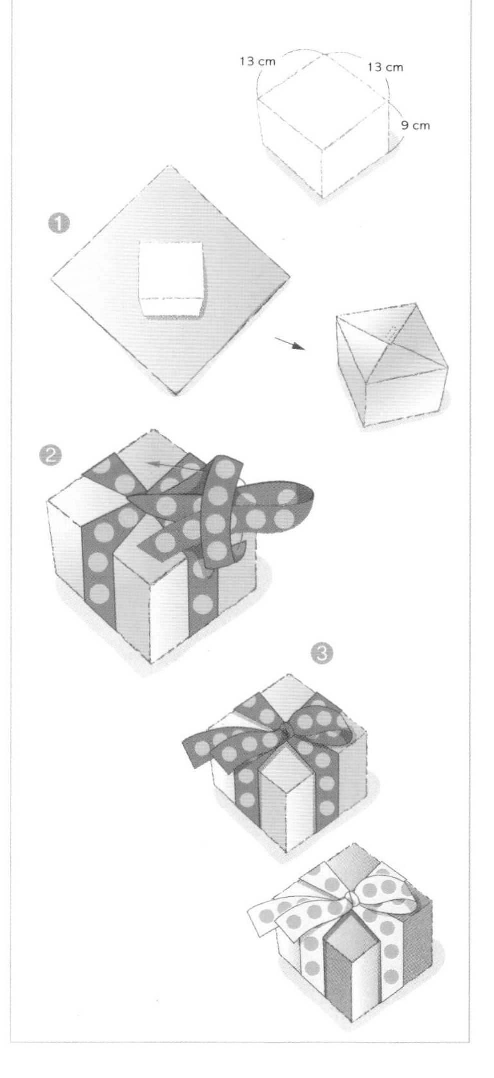

How To Wrapping

사각 상자 2개, 물결무늬 포장지(골드 · 실버), 3.5㎝ 폭 공단 리본(골드 · 실버), 0.5㎝ 폭 블랙 골지 리본, 양면테이프

1 상자는 물결무늬 포장지로 주름을 잡아 주름이 풀어지지 않도록 포장지 안쪽에 양면테이프를 붙인 후 캐러멜식 포장(p18 참고)을 한다.
2 골드 포장 상자에는 골드 공단 리본을, 실버 포장 상자에는 실버 공단 리본을 그림처럼 한 바퀴 둘러 뒤쪽에서 양면테이프로 붙여 고정한다.
3 공단 리본 위에 골지 리본을 한 바퀴 둘러 일자 매기(p27 참고)를 한다. 공단 리본으로 나비 보(p24 참고)로 만든다.
4 나비 보를 골지 리본 위에 올리고 골지 리본으로 나비 보를 묶어 마무리한다.

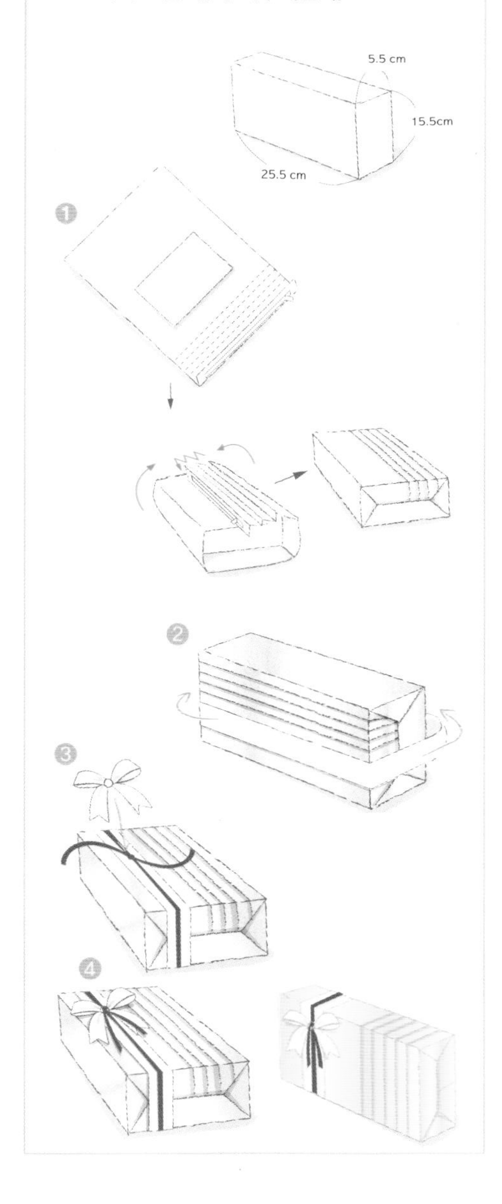

정통 보에 품위를 더한 사각 박스 주름 포장

예쁘게 포장한 선물 상자는 기대감을 한껏 높인다. 연령에 따라 포장 방법을 달리하는 것이 좋은데, 웃어른을 위한 선물을 마련할 때는 가볍지 않은 분위기로 포장해 고급스럽게 연출하는 것이 안성맞춤. 골드와 실버 톤 포장지와 리본을 선택하고, 밋밋한 포장 대신 주름 포장으로 고급스러움을 한층 살려보자. 마치 선물 포장 코너에서 포장한 듯 완성도를 높일 수 있는 주름 포장과 골드와 실버 리본에 가는 블랙 리본을 한 줄 더한 매치는 세련미가 느껴진다.

느낌이 다른 두 가지 리본으로 품위와 개성을 동시에 연출!

상자를 포장한 후 와이어 리본을 이용해 보가 포인트가 되도록 만들어 보자. 상자를 포장한 뒤 리본을 일자 매기 혹은 사선 매기를 한 후 리본은 싱글 보나 나비 보로 심플하게 마무리한다. 한 가지 리본만으로는 단순하게 느껴진다면 리본을 두 겹으로 겹쳐 보를 만들어 보는 것도 좋다. 포장지 무늬가 화려할수록 리본 보는 심플하게 연출하는 것이 포장을 돋보이게 하는 방법.

How To Wrapping ♥

♥ **사각 상자 2개, 꽃무늬 프린트 포장지, 2.5cm 폭 레드 와이어 리본, 매듭 끈, 양면테이프**

1 상자는 작은 것과 큰 것을 준비해 각각 포장지로 캐러멜식 포장(p18 참고)을 한다.
2 리본과 매듭 끈을 겹쳐 큰 상자는 사선 매기(p28 참고)를, 작은 상자는 일자 매기(p27 참고)를 한다.
3 큰 상자는 나비 보(p24 참고)로, 작은 상자는 싱글 보(p24 참고)로 마무리한다.

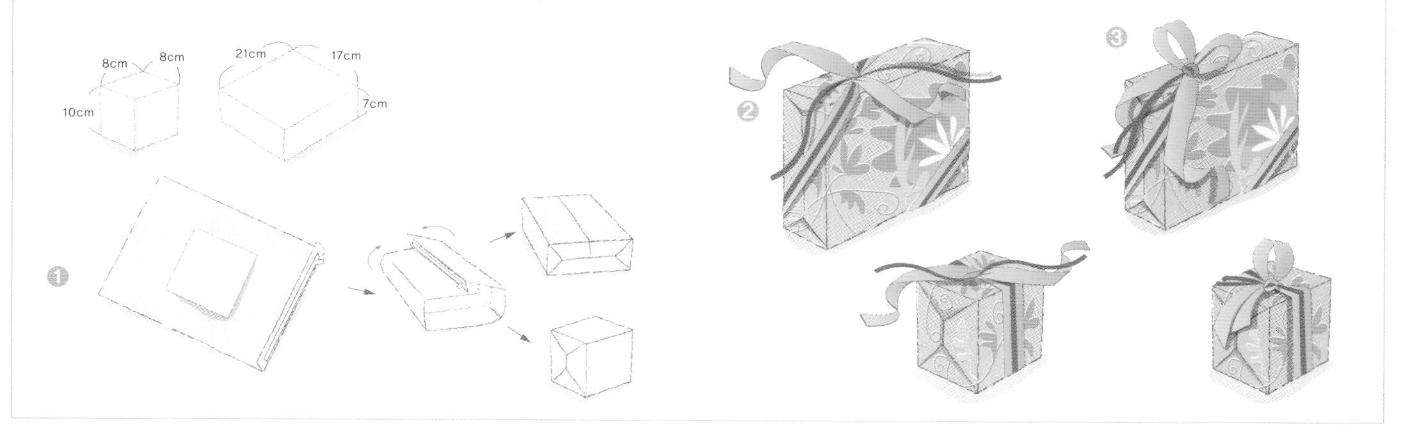

자카드 천과 공단 리본이 은은하게 조화를 이룬 천 포장

포장지 대신 패브릭을 사용한 포장법으로 고급스러운 이미지를 살려보자. 실크 소재 자카드 천으로 포장하는데, 공단 리본을 사용해 천의 느낌과 통일되도록 한다. 은은한 감각으로 포장하길 원한다면 보는 단정하고 심플한 나비 보 정도가 적당할 듯. 여기에 같은 천으로 만든 카드까지 더해 한결 정성스럽게 표현했다. 여러 사람을 위한 선물을 준비한다면 천의 컬러에 변화를 주는 것도 좋다. 패브릭 포장을 할 때는 모서리 부분을 깔끔하게 처리하는 것이 포장의 완성도를 높이는 노하우다.

How To Wrapping

상자 포장

사각 상자, 자카드 천, 2.5㎝ 폭 공단 리본, 양면 테이프

1 종이 포장과 같은 방법으로 자카드 천에 상자를 올리고 캐러멜식 포장(p18 참고)을 한다.
2 공단 리본으로 상자에 십자 매기(p27 참고)를 한다.
3 리본으로 나비 보(p24 참고)를 만든다.

자카드 천 포장과 같은 방법으로 핑크 포장지와 자주색 벨벳 리본을 사용해 포장한다. 가는 네트 리본 한 줄로 단조로움을 커버했다. 벨벳 리본과 바둑판 모양이 되도록 레이스 리본을 상자에 격자로 매서 마무리한다.

카드 만들기

머메이드지, 자카드 천, 1cm 폭 골드 공단 리본, 양면 테이프

1 머메이드지를 18×12㎝ 크기로 재단하여 자카드 천 위에 올리고 자카드 천은 시접 1㎝를 남기고 재단한다.
2 자카드 천 시접에 양면테이프를 붙인 다음 머메이드지를 감싸듯 시접을 안쪽으로 접어 붙인다. 시접의 모서리 부분은 사선으로 잘라 매끄럽게 정리한다.
3 자카드 천을 붙인 머메이드지는 반 접은 다음 위쪽에 구멍을 두 개 낸다.
4 공단 리본을 짧게 잘라 그림처럼 구멍에 넣는데, 앞에서 뒤쪽으로 넣고 다시 뒤쪽에서 앞으로 넣어 마무리한다.

명절 분위기 제대로 살린 전통 포장

계절에 따라 분위기를 달리 포장하는 것도 중요하지만 그날의 의미를 살린다면 더욱 가치 있는 선물이 될 것이다. 추석이나 설 등 명절에는 지인들에게 감사의 선물을 하게 되는데, 명절 분위기를 살려 간단히 포장을 해 보자. 벽돌색 포장지로 선물을 포장한 다음 전통 매듭 끈 하나 살짝 두르는 것만으로 고풍스럽고 은은한 포장이 된다.

도래 매듭

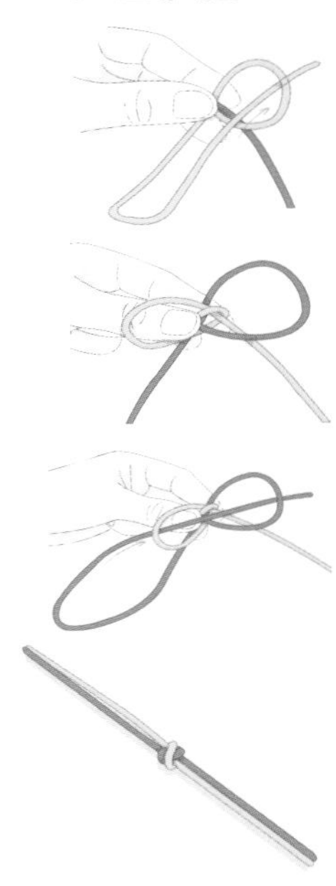

1 두 매듭 끈을 나란히 잡고 아래쪽 끈으로 위쪽 끈을 넘어 둥글게 원을 만들고 왼쪽에서 바깥쪽으로 통과시킨다.
2 만들어진 원을 뒤쪽으로 반 바퀴 돌린 후 엄지손가락을 끼워두고 아래쪽 끈으로 위쪽 끈을 넘어 원을 만들다.
3 원을 만든 끈으로 엄지손가락에 끼워둔 끈과 원을 만든 끈을 동시에 통과시킨다.
4 위쪽 끈을 먼저 잡아당기고 아래쪽 끈을 줄이면서 X자 모양의 매듭이 나오도록 해 도래 매듭을 완성한다.

How To Wrapping

사각 상자, 브라운 엠보싱지, 매듭 끈

1 상자는 브라운 엠보싱지로 보자기식 포장(p19 참고)을 한다.
2 매듭 끈을 반 접어 상자에 한 바퀴 돌리고 고리에서 약 3cm 뒤쪽으로 도래 매듭을 만든다.
3 매듭의 고리에 반대쪽 매듭 끝인 가락지 매듭 2개를 통과시킨 후 다시 도래 매듭으로 마무리 한다.

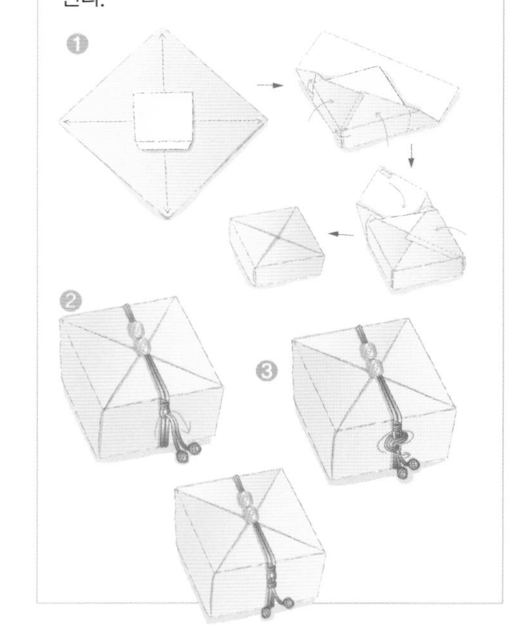

전통 차 선물에 안성맞춤, 원통 바람개비 포장

명절에는 녹차나 건강 차 등 전통 차를 많이 선물하는데, 원기둥 형태의 케이스는 포장하기가 여간 까다로운 것이 아니기 때문에 그냥 봉투에 담아 전달하는 경우가 많다. 원기둥 형태의 케이스는 원통 바람개비 포장이 제격이다. 여기에 전통 매듭 끈 하나만 연결하면 어른들 선물로 손색없는 품격을 살릴 수 있다.

가락지 매듭

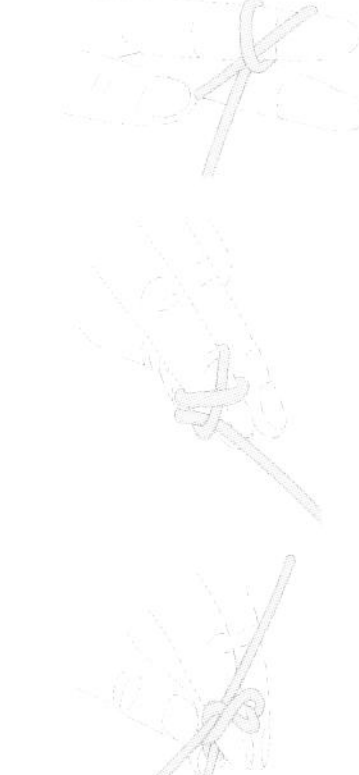

1 왼쪽 검지손가락에 매듭 끈을 두 바퀴를 돌려 X자 모양을 만든다.

2 시작 끈을 두 바퀴 사이에 넣어 바깥쪽으로 통과시킨다. 두 바퀴를 교차시켜 다시 X자 모양을 만든다.

3 시작 끈을 다시 두 바퀴 사이에 넣어 바깥쪽으로 통과시키고 두 바퀴를 교차시켜 다시 X자 모양을 만든다.

4 시작 끈을 다시 두 바퀴 사이에 넣어 바깥쪽으로 통과시키고 처음에 갔던 방향대로 두 줄이 되도록 따라간다. 가락지 형태로 만들어 완성한다.

How To Wrapping

원통형 케이스, 표구지, 매듭 끈, 양면테이프

1 그림처럼 원통형 케이스는 표구지로 원통 바람개비 포장(p21 참고)을 한다.

2 매듭 끈을 반 접어 ①의 케이스에 한 번 두른 다음 고리에 끼운다.

3 매듭 끈은 도래 매듭(p118 참고)으로 고정한다.

4 매듭 끈 끝을 가락지 매듭으로 마무리한다.

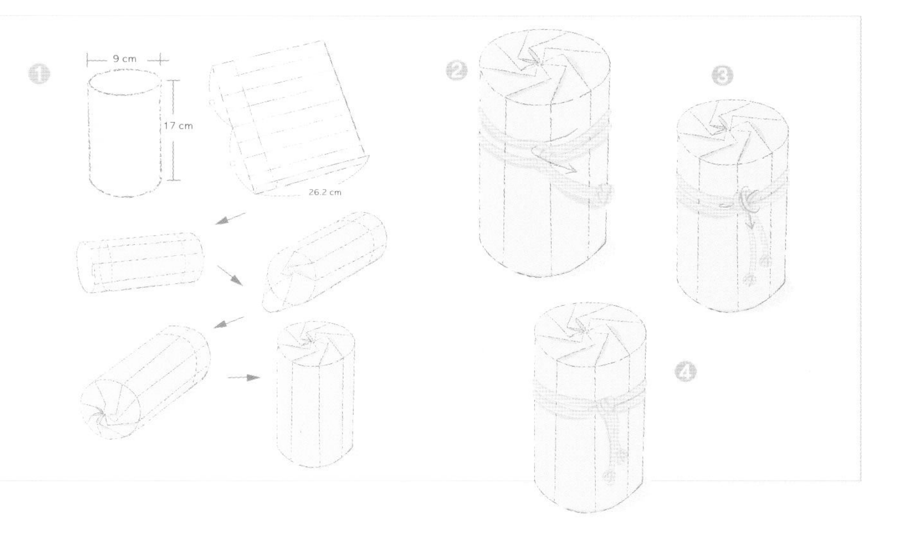

매듭 끈을 이용한 럭셔리 전통 포장

웃어른께 선물할 때는 단아하면서도 은은한 전통 포장이 제격이다. 굳이 한지가 아니더라도 느낌을 충분히 살릴 수 있는 포장지를 준비해 포장한 뒤 매듭 끈으로 상자의 옆면을 한 바퀴 둘러 묶고, 매화 매듭이 앞쪽에 오도록 늘어뜨린다. 명절 선물에 응용해도 좋을 듯하다.

매화 매듭

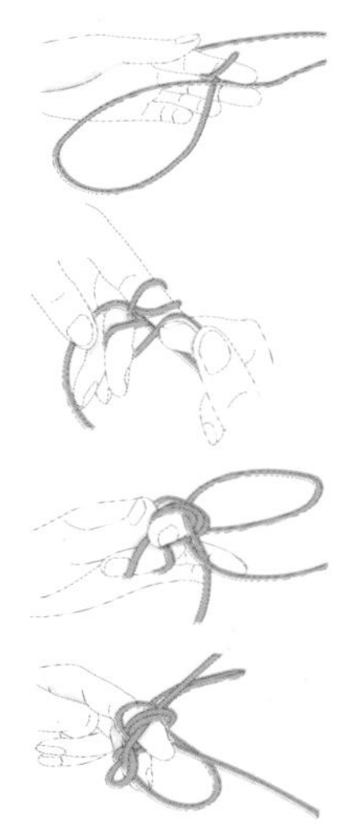

1 왼쪽 끈으로 고리를 만들고 오른쪽 끈은 왼쪽 끈 고리 밑에 원을 만들어 바싹 붙인 후 끈을 뒤쪽으로 넘긴다.
2 오른쪽 끈은 왼쪽 끈 고리를 한 번 걸고 셋째손가락에 감아 8자 모양으로 두 번 감고 오른쪽 끈을 셋째손가락 사이로 넘긴다.
3 왼쪽에 있는 끈은 한 칸을 지나 두 개를 뜨고 오른쪽 끈과 셋째손가락을 지나 다시 왼쪽으로 돌아간다. 왼쪽 끈을 한 칸씩 내려 반복한다.
4 5개의 매화 모양의 꽃잎이 나오면 모양을 잡아가며 줄이고 마지막 꽃잎 1개를 접어 끼워 매화 매듭을 완성한다.

How To Wrapping

사각 상자, 자수 포장지, 매듭 끈, 양면테이프

25 cm 18 cm 4 cm

1 상자는 자수 포장지로 캐러멜식 포장(p18 참고)을 한다.
2 상자 옆면에 매듭 끈을 한 바퀴 두른 다음 위쪽에서 도래 매듭(p118 참고)을 짓는다.
3 매듭 끈 끝은 매화 매듭과 가락지 매듭(p119 참고)을 만든 다음 상자의 앞쪽으로 늘어뜨린다.

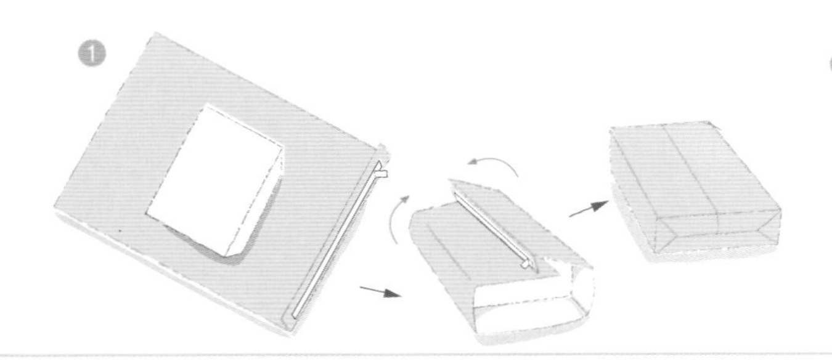

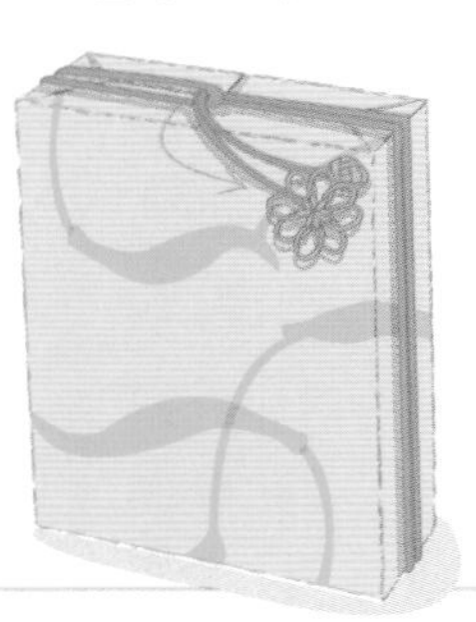

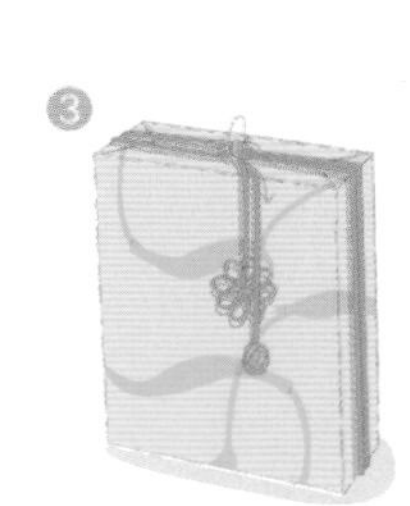

가는 자주색 리본이 산뜻한 심플 사각 포장

포장 솜씨가 없거나 심플한 포장을 원한다면 리본만 잘 묶어도 산뜻하게 포장할 수 있다. 자주색 그림이 멋스러운 아이보리 포장지로 상자를 포장하고, 그 위에 그림과 같은 컬러인 자주색 가는 리본을 십자 매기로 마무리한다. 심플한 포장을 원할 때는 굳이 보를 만들지 않아도 좋다.

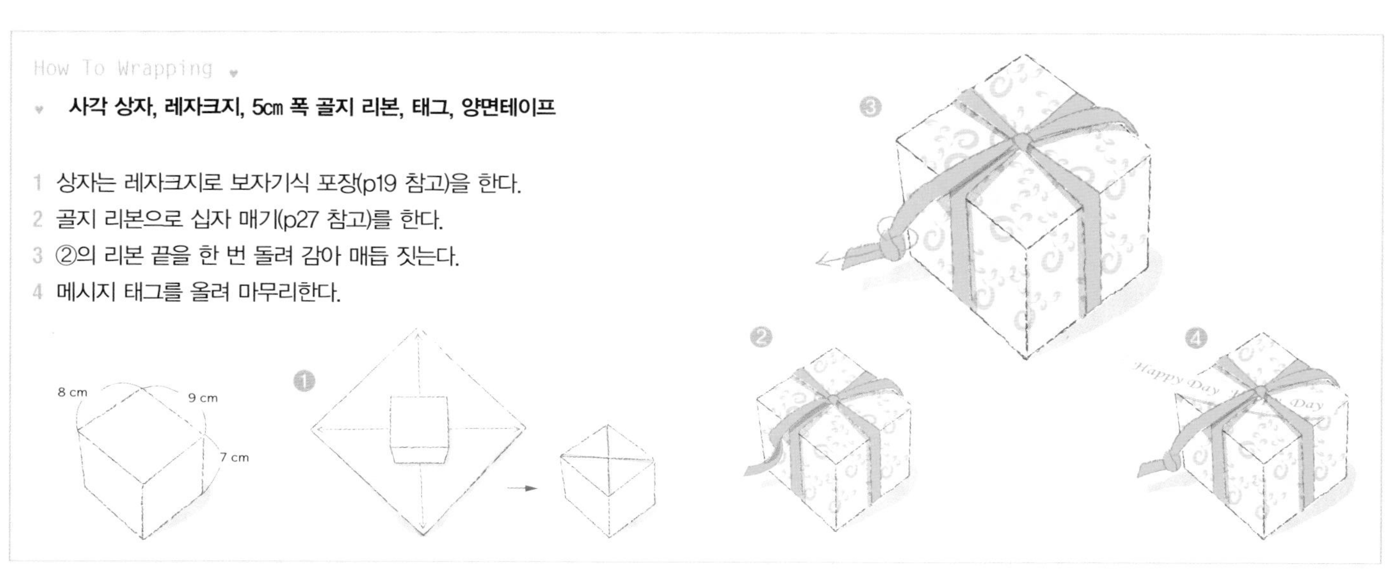

How To Wrapping

사각 상자, 레자크지, 5㎝ 폭 골지 리본, 태그, 양면테이프

1 상자는 레자크지로 보자기식 포장(p19 참고)을 한다.
2 골지 리본으로 십자 매기(p27 참고)를 한다.
3 ②의 리본 끝을 한 번 돌려 감아 매듭 짓는다.
4 메시지 태그를 올려 마무리한다.

포장지 스티치 장식이 눈길 끄는 원통 포장

선물 포장은 뭐니 뭐니 해도 포장지의 선택이 중요하다. 아무리 고급스러운 선물이라도 허투루 포장하면 그 선물의 의미는 반감되게 마련. 또한 평범한 선물이라도 포장 하나만 잘한다면 한결 돋보일 것이다. 와인이나 전통 차를 선물할 때 형태를 살려 원통 포장법을 응용해 보자. 꽃과 나비무늬 스티치가 은은하게 장식된 붉은 포장지로 원통 캐러멜식 포장을 한 뒤 리본을 케이스 위쪽으로 묶어 보가 볼록하게 솟아오르도록 연출한다. 포장지와 리본의 느낌을 잘 살리는 것이 포인트.

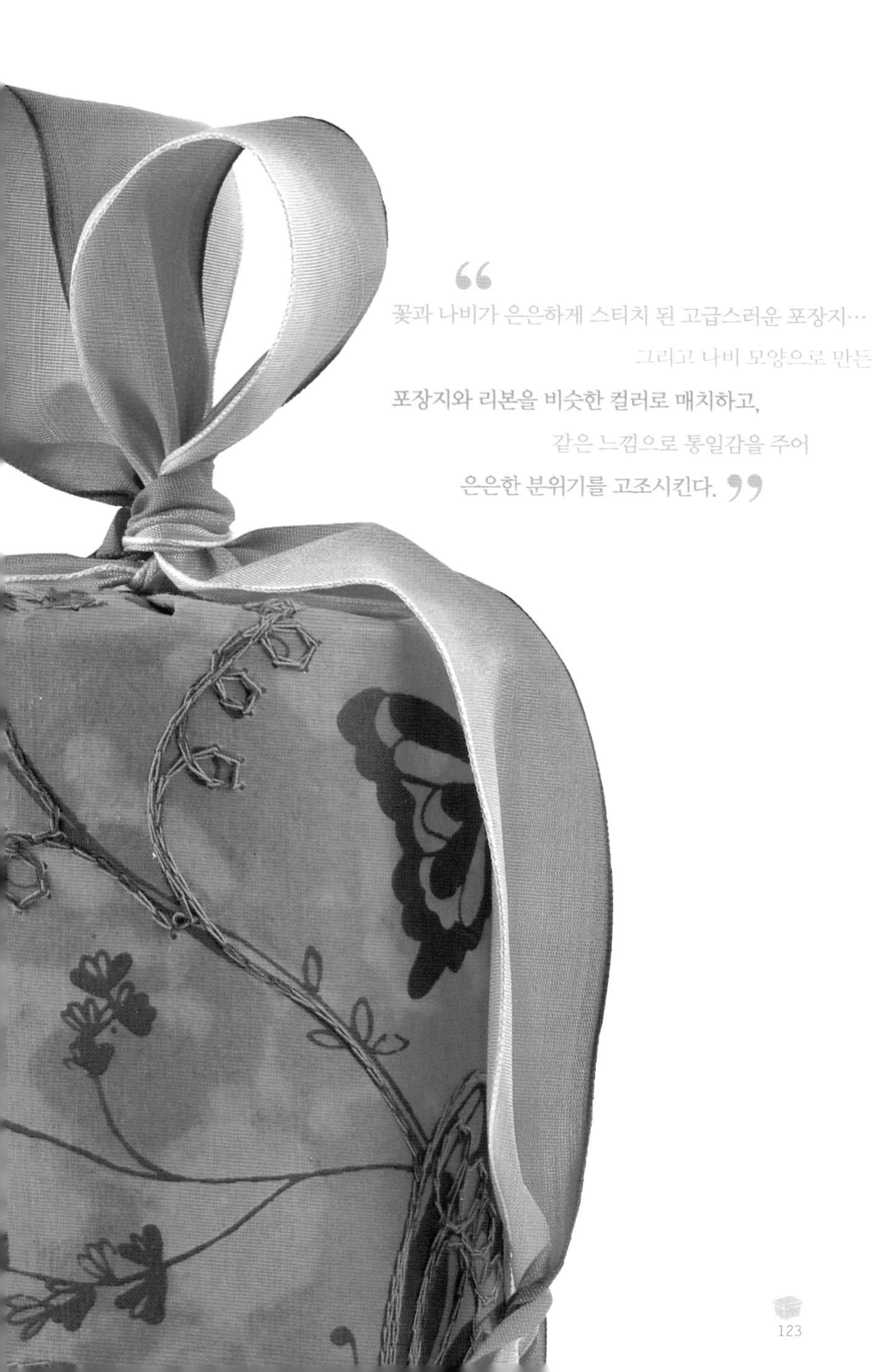

"꽃과 나비가 은은하게 스티치 된 고급스러운 포장지…
그리고 나비 모양으로 만든 보…
포장지와 리본을 비슷한 컬러로 매치하고,
같은 느낌으로 통일감을 주어
은은한 분위기를 고조시킨다."

How To Wrapping

원통 케이스, 스티치 장식 포장지, 3.5cm 레드 와이어 새틴 리본, 양면테이프, 와이어

1 원통 케이스는 포장지로 원통 캐러멜식 포장(p21 참고)을 한다.
2 리본으로 두 개의 고리를 만든 다음 와이어로 고리를 고정한다.
3 한쪽 리본으로 고리를 감싸듯 한 바퀴 돌려 묶는다.
4 리본 끝을 한 번 묶어 장식한다.

깔끔하고 고급스럽게! 블랙 & 실버 포장

단아한 럭셔리 감각을 원한다면 블랙 라인이 어떨지…. 누군가에게 특별한 선물로 기억되고 싶다면 선물 포장 또한 특별하게 준비한다. 실버 바탕의 고전적인 블랙 벨벳 문양이 매치된 세련된 포장지로 선물을 포장하고 블랙 리본과 블랙 깃털 장식으로 깔끔하게 마무리한다.

오너먼트와 깃털 장식이 감각적인 블랙 포장

포장지와 리본, 장식 소품 모두 블랙 컬러로 매치해 한 차원 높은 감각을 연출해 보자. 세련된 벨벳 꽃무늬 포장지를 준비해 상자를 포장하고 벨벳 리본으로 나비 보에 오너먼트와 깃털로 화려하게 장식한다. 평범하지 않은 듯 고급스러운 분위기의 블랙 컬러는 기념일 혹은 연주회 등의 축하 선물에 잘 어울린다.

"포근하고 고급스러운 이미지를 전달하는 벨벳 포장지…
특별하고 고급스러운 포장을 하고 싶을 때는
벨벳 포장지와 벨벳 리본을 매치하고,
분위기를 업그레이드시키는 장식을 더한다."

How To Wrapping

사각 상자, 꽃무늬 실버 벨벳 포장지, 3.5㎝ 폭 화이트 오건디 리본, 2.5㎝ 폭 블랙 벨벳 리본, 블랙 깃털, 양면테이프

1 상자는 벨벳 포장지로 캐러멜식 포장(p18 참고)을 한다.
2 오건디 리본과 벨벳 리본을 겹쳐서 ①의 상자에 십자 매기(p27 참고)를 한다.
3 ②의 리본은 나비 보(p24 참고)로 묶는다.
4 나비 보 중간에 블랙 깃털을 꽂아 장식한다.

How To Wrapping

사각 상자, 꽃무늬 블랙 벨벳 포장지, 2.5㎝ 폭 블랙 벨벳 리본, 블랙 깃털, 블랙 오너먼트, 양면테이프

1 상자는 벨벳 포장지로 캐러멜식 포장(p18 참고)을 한다.
2 벨벳 리본으로 ①의 상자에 십자 매기(p27 참고)를 한다.
3 ②의 벨벳 리본은 나비 보(p24 참고)로 마무리한다.
4 나비 보 중간에 블랙 깃털을 꽂고 오너먼트를 붙여 장식한다.

How To Wrapping ♥

♥ **사각 상자 2개, 블랙 메탈릭 줄무늬 포장지, 6㎝ 폭 블랙 망사 리본, 블랙 가죽 끈, 가는 실버 체인, 양면테이프**

1 줄무늬 메탈릭 포장지로 두 개의 상자 중 하나는 보자기식 포장(p19 참고)을 하고, 나머지 하나는 캐러멜식 포장(p18 참고)을 한다.
2 망사 리본과 가죽 끈, 실버 체인을 겹친 다음 ①의 상자에 각각 일자 매기(p27 참고)를 한다.
3 ②의 리본은 상자 위쪽에서 나비 보(p24 참고)로 마무리한다.

리본과 끈, 실버 체인의 조화가 특별한 블랙 톤 포장

전체를 블랙 컬러로 포장할 경우 실버 소재를 살짝 곁들인다면 한결 세련되고 은은한 감각을 연출할 수 있다. 메탈릭 줄무늬 포장지를 바탕으로 블랙 망사와 블랙 가죽 끈, 그리고 가는 실버 체인을 조합해 나비 보를 만든다. 이렇게 연출한 블랙 포장의 세련된 감각은 포장을 선뜻 풀 수 없게 할지도…. 그저 바라보는 것만으로도 정성스러운 마음이 고스란히 느껴진다.

큼직한 보가 더없이 우아한 크로스 포장

리본을 상자에 묶는 방법 외에 리본으로 보를 먼저 만든 후 포장한 상자에 붙이는 방법을 응용해 봐도 좋다. 심플한 화이트 포장지로 상자를 포장한 다음 그 위에 실버 망사 리본으로 엘레강스 보를 큼직하게 만들어 장식하듯 붙인다. 심플한 포장을 좋아한다면 한 번쯤 시도해 봄직한 방법.

How To Wrapping

사각 상자, 실버 도트무늬 메탈릭 발포지, 4.5cm 공단 오건디, 실버 망사 리본, 2cm 폭 실버 망사 리본, 양면테이프

1 상자는 메탈릭 발포지로 보자기식 포장(p19 참고)을 한다.
2 공단 오건디 리본과 망사 리본을 각각 상자의 대각선 길이보다 조금 길게 자른다. 포장의 여밈 부분이 밑을 향하게 상자를 두고 상자 위에 리본을 대각선으로 붙인다.
3 공단 오건디 리본으로 p26 엘레강트 보 만들기를 참고하여 싱글 엘레강트 보를 큼직하게 만들어 상자 위에 붙인다.

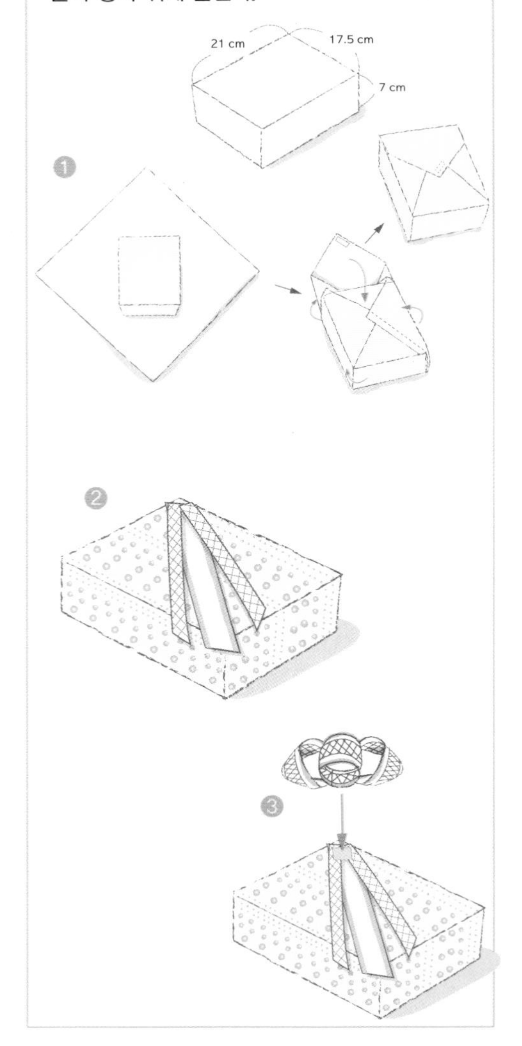

How To Wrapping ♥

♥ **사각 상자, 화이트 나비 스티치 실버 포장지, 4㎝ 폭 도트무늬 화이트 오건디 리본, 1㎝ 폭 실버 리본, 양면테이프**

1 상자는 포장지로 캐러멜식 포장(p18 참고)을 한다.

2 오건디 리본과 실버 리본을 겹친 다음 상자에 일자 매기(p27 참고)를 한다.

3 오건디 리본과 실버 리본으로 각각 포 보(p24 참고)를 만든 다음 오건디 보를 먼저 일자 매기를 한 상자의 모서리 위에 놓고, 그 위에 실버 보를 올린 후 ②의 리본으로 묶어 마무리한다.

포장지의 개성 살린 실버 톤 나비 스티치 포장

포장지와 리본의 조화뿐만 아니라 포장지 무늬에 맞춰 리본을 연출하는 색다른 감각을 표현한 포장법. 화이트 나비를 근사하게 수놓은 실버 포장지의 느낌을 그대로 살려 리본 보 또한 나비 모양으로 만들었다. 화이트 나비 수가 놓인 포장지와 화이트 오건디 리본의 조화가 인상적이다.

How To Wrapping ♥

♥ **넥타이 케이스, 블랙 & 화이트 꽃무늬 아트지, 4cm 폭 블랙 오건디 리본, 블랙 코사지, 양면테이프**

1 넥타이 케이스는 꽃무늬 아트지로 캐러멜식 포장(p18 참고)을 한다.
2 블랙 오건디 리본을 ①의 넥타이 케이스에 세로로 한 바퀴 두른 다음 뒤쪽에서 양면테이프를 붙여 고정한다.
3 케이스 앞쪽 오건디 리본 위에 블랙 코사지를 붙여 장식한다.

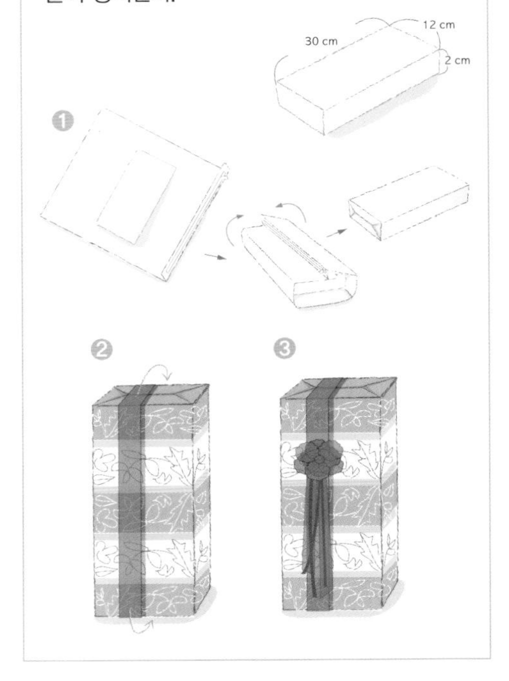

모던함과 센스가 돋보이는 넥타이 선물 포장

흔히 남자 어른들에게 넥타이를 선물하는 경우가 많은데, 마땅히 어떻게 포장할지 고민이라면 포장지와 리본만 잘 선택해도 한층 업그레이드될 수 있다. 넥타이 상자는 블랙 & 화이트 꽃무늬 포장지로 캐러멜식 포장을 하고, 블랙 오건디 리본을 세로로 한 번 두른 다음 블랙 코사지만 달았을 뿐인데도 고급스러움이 물씬 느껴진다.

고마운 부모님, 사랑하는 아이를 위한 용돈 포장

명절 혹은 부모님 생신, 또 부모님께 용돈을 드릴 때 자칫 성의 없어 보일 수 있는 현금 선물. 봉투에 간단한 리본 하나만 붙여도 그 예쁜 속마음을 충분히 알 수 있다. 정성이 느껴지는 포장은 선물 이상의 의미를 담는다. 색지로 봉투를 도안해 만들고 봉투 안쪽에는 포장지를 붙여 고급스러운 이미지를 더한 후 리본 하나 살짝 묶으면 완성. 드리는 마음과 받는 마음 모두 기분 좋은 봉투 포장법.

How To Wrapping

아이보리 크래프트지, 브라운 마닐라지, 레자크지, 2.5cm 폭 오건디 리본(브라운 · 블루), 0.5cm 폭 공단 리본(브라운 · 블루), 문구용 풀, 양면테이프

1 크래프트지와 마닐라지에는 봉투 모양을, 레자크지에는 속지를 도안한 후 재단한다.
2 문구용 풀을 이용해 재단한 봉투 안쪽에 속지를 붙인다.
3 그림의 점선을 따라 재단한 봉투를 접어 붙여 봉투 모양을 완성한다.
4 오건디 리본과 공단 리본을 겹쳐 봉투에 일자매기(p27 참고)를 한다.

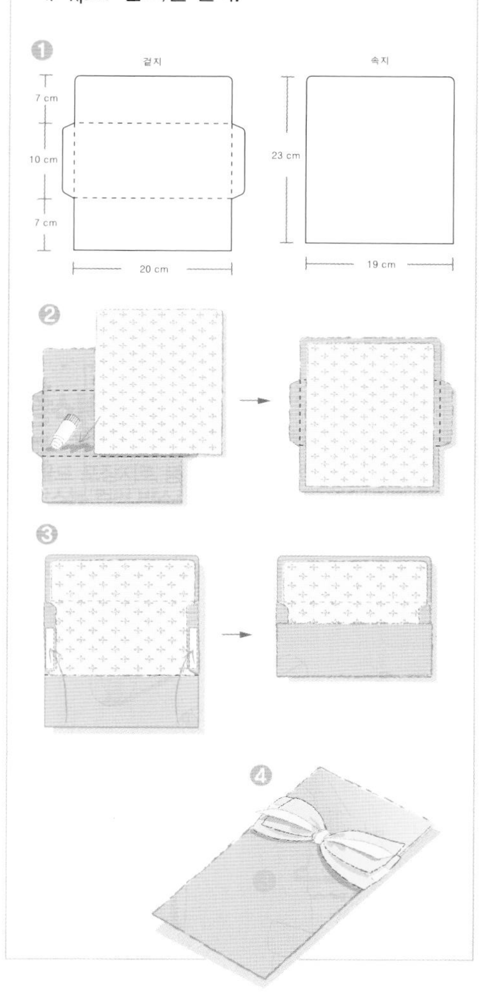

리본을 포인트 장식으로 활용한 얇은 박스 포장

손수건, 스카프, 상품권 등 얇은 상자를 활용해야 하는 선물은 리본 보를 큼직하게 하는 것보다 보를 포인트로 산뜻하게 매치하는 포장이 잘 어울린다. 상자를 깔끔하게 포장한 뒤 폭 좁은 리본을 상자에 한 바퀴 돌려 묶고 싱글 보로 마무리한다. 조금 더 산뜻한 포장을 원한다면 상자에 리본을 두르지 않고 보만 붙여도 좋을 듯하다. 리본을 포인트로 포장할 때는 대신 상자를 포장하는 포장지에 변화를 주는 것도 좋은 방법.

“은은한 단색 포장지에 산뜻한 컬러의 리본으로
포인트 장식을 완성한 선물 포장.
옅은 포장지 위에 매치한 다양한 컬러의
가는 스트라이프 리본은
눈길을 사로잡기에 충분하다.”

How To Wrapping

V자 포장

사각 상자, 한지(옅은 분홍·하늘색), 1㎝ 폭 스트라이프 골지 리본, 양면테이프

1 그림처럼 분홍색 한지를 재단한 후 상자의 모서리에 맞춰 산 모양으로 접는다.

2 산 모양의 안쪽에 하늘색 한지를 붙이는데, 하늘색 한지가 밖으로 보이도록 붙인다.

3 ②의 종이를 캐러멜식 포장(p18 참고)을 한다.

4 골지 리본으로 싱글 보(p24 참고)를 만들어 상자에 붙여 장식한다.

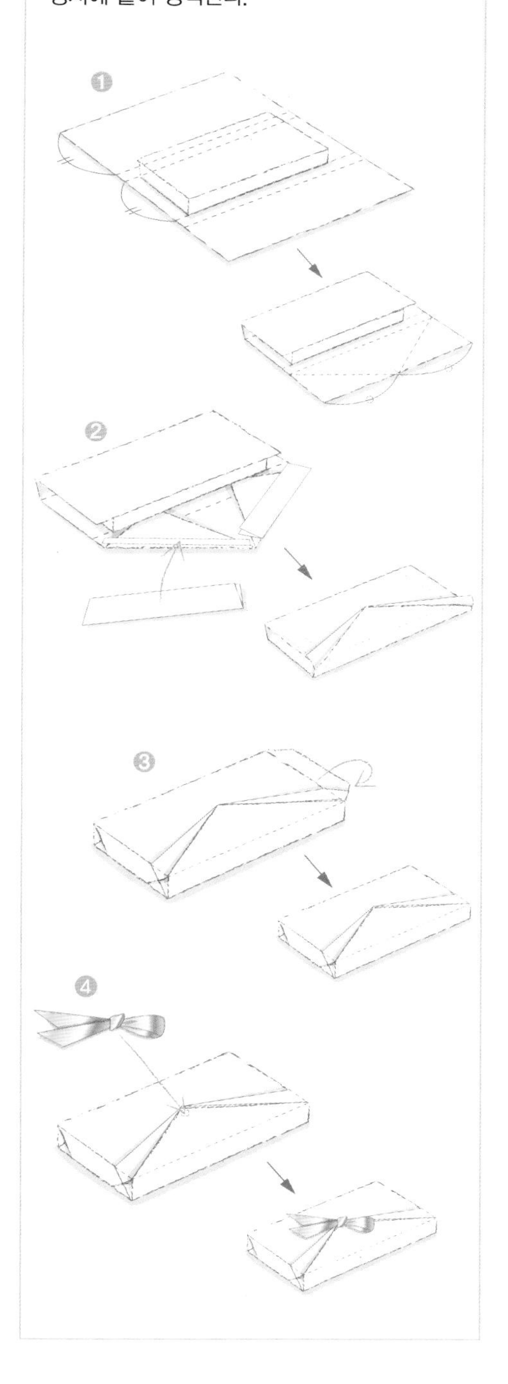

How To Wrapping

포켓 장식 포장

사각 상자, 연보라 직녀지, 1㎝ 폭 스트라이프 골지 리본, 메시지 카드, 양면테이프

1 그림처럼 직녀지를 재단한 후 시접 1㎝를 안쪽으로 접어 넣고 점선을 따라 접는다.

2 ①의 포장지로 상자를 캐러멜식 포장(p18 참고)을 한다.

3 포켓에서 간격을 조금 두고 밑부분에 골지 리본을 한 바퀴 두른 다음 싱글 보(p24 참고)로 마무리한다.

4 메시지 카드에 리본을 묶고 포켓에 넣는다.

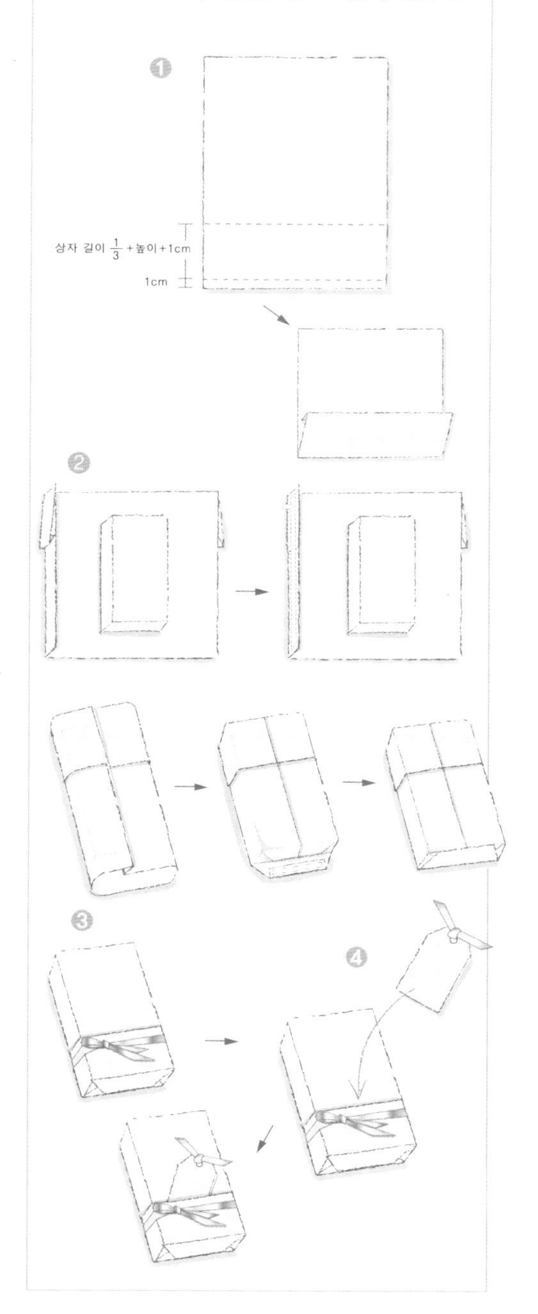

사랑 가득 담은 **어버이날** 선물 포장

어버이날 사랑하는 부모님을 위해 준비한 선물. 다 표현할 수 없는 감사의 마음을 정성어린 포장에 담아본다. 두 분의 선물을 각기 모양을 달리해 세트로 포장해 보는 것은 어떨까? 단정하게, 때로는 개성 있게…. 사랑 가득 담은 나만의 포장 방법이라면 부모님의 흐뭇한 마음은 넘치고도 넘칠 듯.

시계 케이스나 액세서리 케이스 등 작은 상자 포장을 돋보이게 하려면 리본 보를 큼직하게 만들어 볼륨을 주는 것이 좋다. 두 개의 상자를 하나는 화이트로, 나머지 하나는 네이비 컬러로 포장한 뒤 리본을 이중으로 겹쳐 보를 큼직하게 만들어 묶는다. 도트무늬 와이어 리본에 단색 리본을 겹치면 리본이 한결 돋보인다.

어버이날을 의미하는 카네이션이 은은하게 프린트된 포장지를 준비한다. 하나는 화이트, 다른 하나는 실버 컬러로 상자를 포장한 뒤 포장지에 프린트된 카네이션과 비슷한 핑크 컬러 오건디 리본으로 보를 풍성하게 만들어 묶는다. 화이트와 실버, 핑트 컬러 매치가 단정하면서도 세련된 느낌을 준다.

얌전하면서 품위 있는 포장을 원한다면 짙은 단색 컬러 포장지를 선택해 보자. 짙은 네이비 컬러 포장지로 선물 상자를 포장하고 리본은 벨벳 리본을 준비해 상자에 한 번만 둘러 감는다. 여기에 큐빅 버클을 더해 포인트를 준다. 벨벳 리본과 큐빅의 조화는 선물 포장을 세련되게 만드는 노하우. 큐빅 장식을 할 때는 짙은 컬러의 리본이 효과적이다.

계절감을 살려 포장에 활용한다면 한결 센스 있는 선물이 될 수 있다. 추석 선물 등을 포장할 때 가을 분위기가 물씬 풍기도록 나뭇잎 장식을 더하자. 단색 포장지로 박스를 포장한 뒤 나뭇잎 장식을 군데군데 풀로 붙인다. 그 위에 리본으로 보를 만들어 장식하면 운치 있는 선물 포장이 된다.

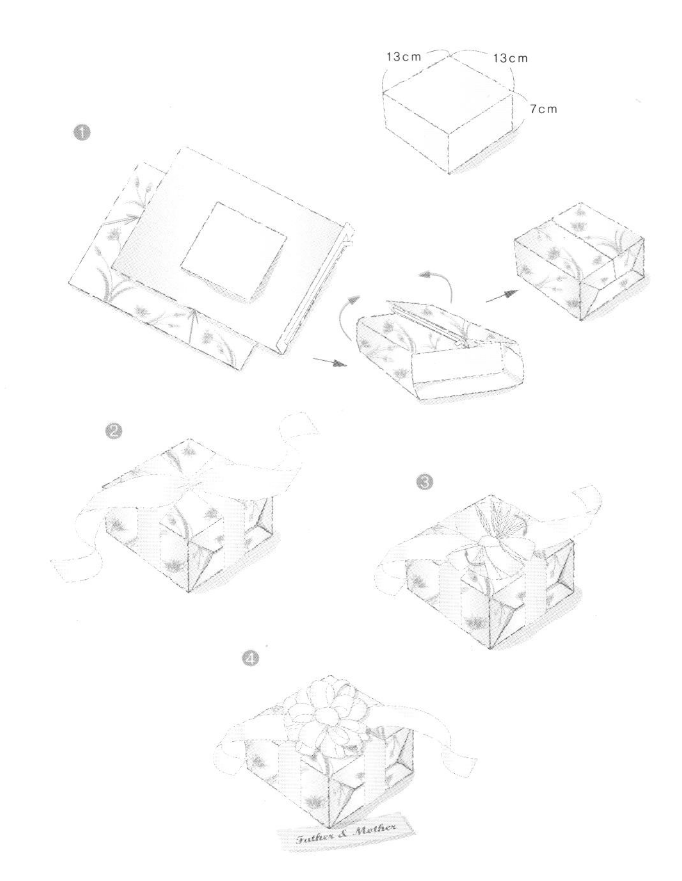

How To Wrapping

사각 상자 2개, 카네이션 프린트 아트지(실버 · 화이트), 4㎝ 폭 핑크 오건디 리본, 양면테이프

1 아트지 위에 사각 상자를 올리고 캐러멜식 포장(p18 참고)을 한다.
2 상자에 오건디 리본을 십자 매기(p27 참고) 한다.
3 오건디 리본으로 폼폰 보(p26 참고)를 만든 다음 ②의 오건디 리본 매듭 위에 올리고 ②의 리본으로 묶는다.
4 폼폰 보는 예쁘게 모양을 잡는다.

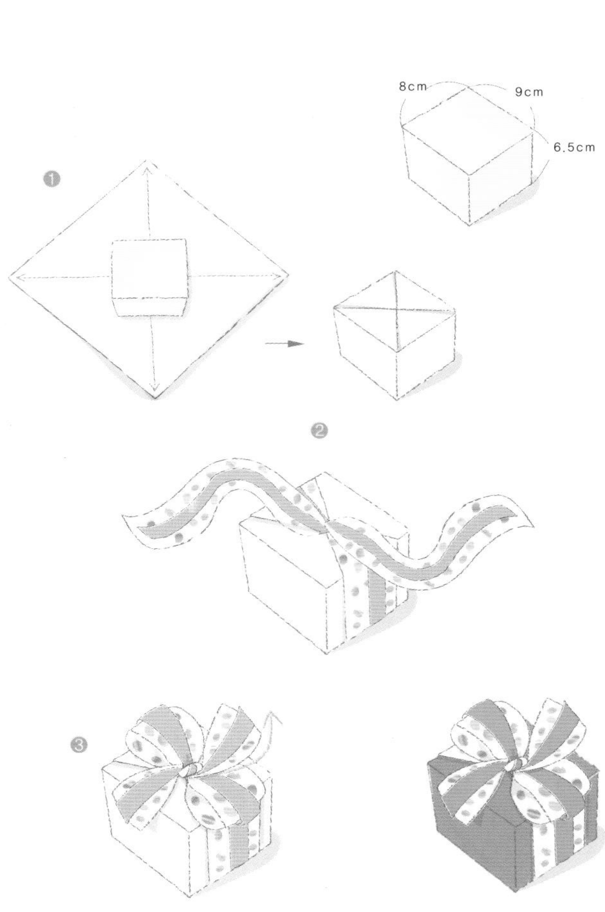

How To Wrapping

사각 상자 2개, 스타드림지(화이트 · 네이비), 6㎝ 폭 도트무늬 새틴 와이어 리본, 2.5㎝ 폭 새틴 리본(보라색 · 자주색), 양면테이프

1 준비한 두 개의 상자는 각각 화이트와 네이비 컬러 스타드림지로 보자기식 포장(p19 참고)을 한다.
2 새틴 와이어 리본과 새틴 리본을 겹친 다음 자주색 리본은 네이비 포장 상자에, 보라색 리본은 화이트 포장 상자에 각각 일자 매기(p27 참고)를 한다.
3 ②의 리본은 나비 보(p24 참고)로 마무리한다.

How To Wrapping ♥

♥ **사각 상자 2개, 엔젤클로스 포장지(다크그린 · 다크브라운), 4㎝ 폭 오건디 리본(그린 · 브라운), 인조 나뭇잎(레드 · 오렌지), 문구용 풀, 양면테이프**

1 상자는 각각 다크그린과 다크브라운 컬러 포장지로 보자기식 포장(p19 참고)을 한다.
2 문구용 풀을 이용해 다크그린 컬러로 포장한 상자에는 레드 컬러 나뭇잎을, 다크브라운 컬러로 포장한 상자에는 오렌지 컬러 나뭇잎을 풀로 군데군데 붙인다.
3 상자와 같은 컬러의 오건디 리본으로 각각 십자 매기(p27 참고)를 한다.
4 리본은 나비 보(p24 참고)로 마무리한다.

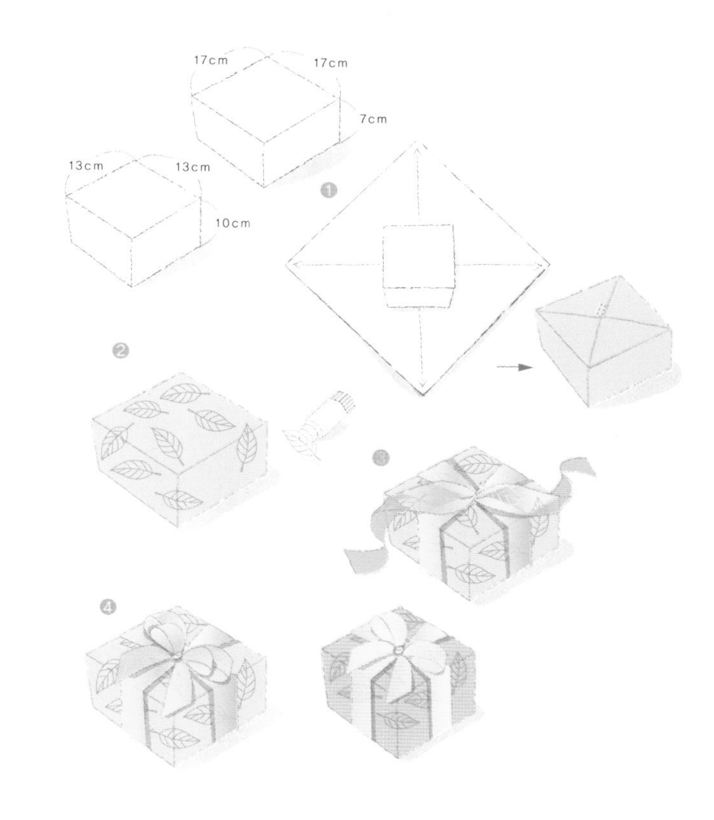

How To Wrapping ♥

♥ **사각 상자 2개, 네이비 엠보싱 포장지, 3㎝ 폭 짙은 네이비 벨벳 리본, 큐빅 버클(원형 · 사각), 양면테이프**

1 사각 상자는 엠보싱 포장지로 캐러멜식 포장(p18 참고)을 한다.
2 벨벳 리본에 버클을 끼운 다음 포장한 상자에 한 바퀴 두른다.
3 둥근 버클을 끼운 리본은 상자의 뒤쪽에서 양면테이프를 붙여 마무리하고, 사각 버클을 끼운 리본은 p25 웨이브 보를 참고 하여 한쪽 끝을 두 번 접어 싱글 웨이브 보를 만든다.

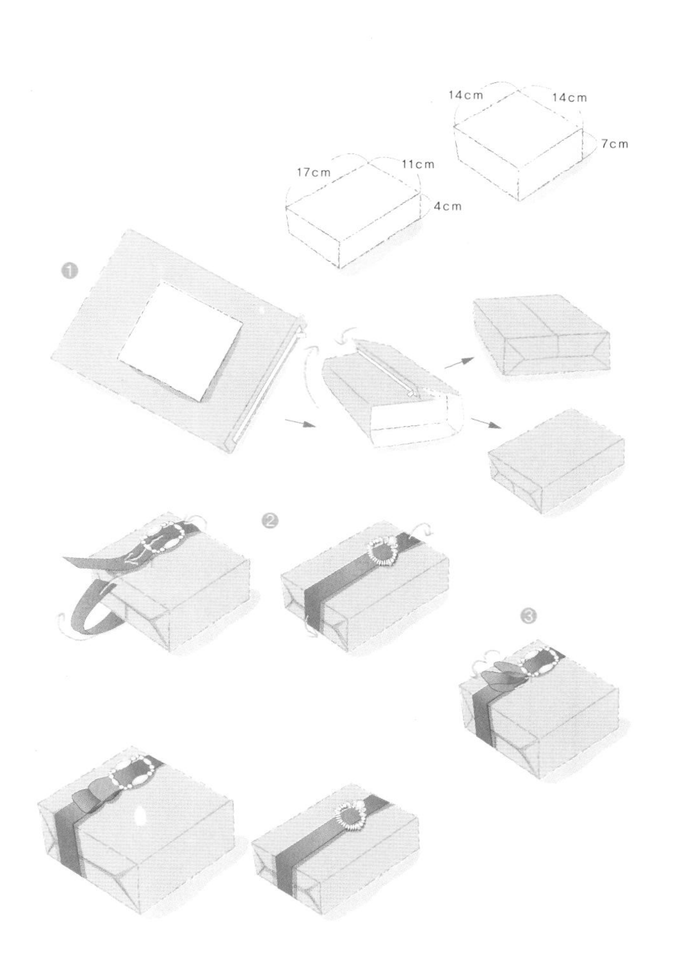

For Special Day...

Part 5

특별한 날을 더욱 특별하게~

크리스마스 & 웨딩 선물 포장

일 년에 한 번 일생에 한 번 소중한 이와 함께, 좋은 친구와 함께, 사랑하는 가족과 함께…. 따뜻한 마음을 확인하고 사랑을 약속하고 축하의 마음을 전하는 자리입니다. 정성껏 준비한 선물로 벅찬 기쁨을 함께 나눌 수 있어 행복합니다. 뜻 깊은 날, 기분 좋은 날 오래도록 이 느낌을 간직할 포장법은 없을까요?

for wedding

화이트 꽃과 리본으로 장식한 예물 반지 포장

결혼 예물 시계와 반지를 포장할 때는 그 의미를 고스란히 전달할 수 있도록 하는 것이 중요하다. 아무래도 순백색이 주를 이루도록 포장하는 것이 제격일 듯. 깨끗한 화이트 포장지로 선물 상자를 포장한 뒤 상자에 화이트 망사 리본으로 리본 보를 만들어 은은한 멋을 살린다. 여기에 화이트 꽃 한 송이 올려 장식하면 선물의 품격이 한층 더해진다.

How To Wrapping ♥

♥ **사각 상자 2개, 화이트 포장지, 2.5㎝ 폭 화이트 오건디 리본, 망사 천, 화이트 조화, 글루건, 양면테이프**

1 상자는 작은 것과 큰 것을 준비하여 포장지로 큰 상자는 캐러멜식 포장(p18 참고)을, 작은 상자는 보자기식 포장(p19 참고)을 한다.
2 포장한 큰 상자는 오건디 리본으로 십자 매기(p27 참고)를 한다. 화이트 조화를 망사 천으로 감싼 다음 십자 매기한 위에 올리고 나비 보(p24 참고)로 묶어 마무리한다.
3 포장한 작은 상자는 오건디 리본으로 일자 매기(p27 참고)를 한 다음 나비 보로 마무리하고 글루건으로 작은 조화를 붙여 장식한다.

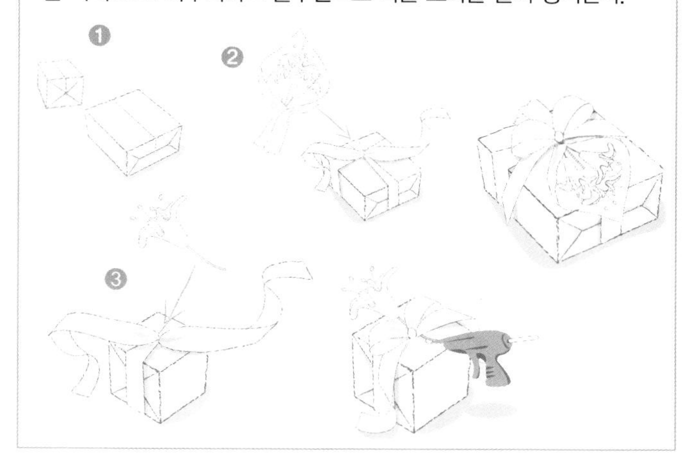

진주 구슬로 장식한 웨딩 선물 포장

친구의 웨딩 선물을 준비하는 날, 새 출발을 하는 친구를 위해 포장까지 손수하여 어느 때보다 정성스러운 선물을 마련해 보자. 화이트 포장지로 깔끔하게 포장하고, 상자 한 귀퉁이에 화이트 리본으로 나비 보를 예쁘게 만들어 묶는다. 상자 중간에 진주 구슬을 붙이고 웨딩 카드 한 장 더하면 잊지 못할 웨딩 축하 선물이 될 것이다.

How To Wrapping ♥

♥ **사각 상자, 화이트 포장지, 2.5㎝ 폭 화이트 오건디 리본, 가는 진주 체인, 진주 구슬, 글루건, 양면테이프**

1 상자는 포장지로 캐러멜식 포장(p18 참고)을 한다.
2 오건디 리본을 포장한 상자의 $\frac{1}{4}$ 정도 지점에 한 바퀴 돌리고 상자 뒤쪽에 양면테이프를 붙여 마무리한다.
3 ②의 리본 위에 글루건을 이용해 진주 구슬을 붙인다.
4 오건디 리본과 가는 진주 체인을 겹쳐 나비 보(p24 참고)를 만든 뒤 상자 위쪽에 붙인다.
5 정성껏 쓴 화이트 웨딩 카드 한 장 올려 장식한다.

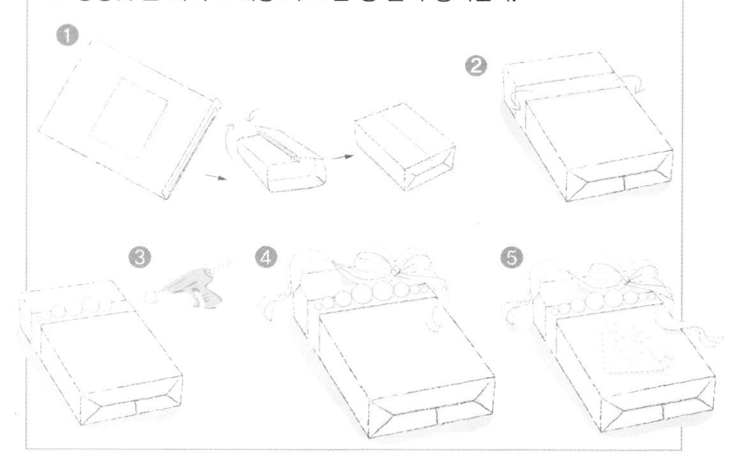

화이트 조화가 인상적인 웨딩 답례품 포장

결혼식에 초대한 손님들을 위해 마련한 웨딩 답례품. 작은 선물이지만 감사의 마음을 전하는 포장이 무엇보다 중요하다. 화이트 작은 상자를 준비해 상자에 화이트 리본을 묶은 다음 상자 크기만한 화이트 조화를 한 송이 올리고 진주 구슬 하나 붙여 센스 있게 완성한다. 선물에 미처 담지 못한 마음을 포장에 담아 보자.

How To Wrapping ♥

♥ **화이트 미니 상자, 1㎝ 폭 화이트 공단 리본, 화이트 조화, 진주 구슬, 글루건**

1 상자는 공단 리본으로 십자 매기(p27 참고)를 하고 리본은 길게 늘어뜨린다.
2 십자 매기를 한 다음 그 위에 글루건을 이용해 화이트 조화를 붙인다.
3 화이트 조화 위에 진주 구슬을 글루건으로 붙여 마무리한다.

How To Wrapping ♥

♥ **사각 상자, 화이트 도트무늬 메탈릭 발포지, 4㎝ 폭 실버 오건디 리본, 2㎝ 폭 실버 망사 리본, 실버 양초, 양면테이프**

1 도트무늬 메탈릭 발포지에 상자를 올린 후 캐러멜식 포장(p18 참고)을 한다.
2 오건디 리본과 망사 리본을 겹치고 포장한 상자에 가로로 일자 매기(p27 참고)를 한다.
3 ②의 리본은 나비 보(p24 참고)를 큼직하게 묶는다.
4 나비 보를 묶은 안쪽에 양초를 넣어 마무리 한다.

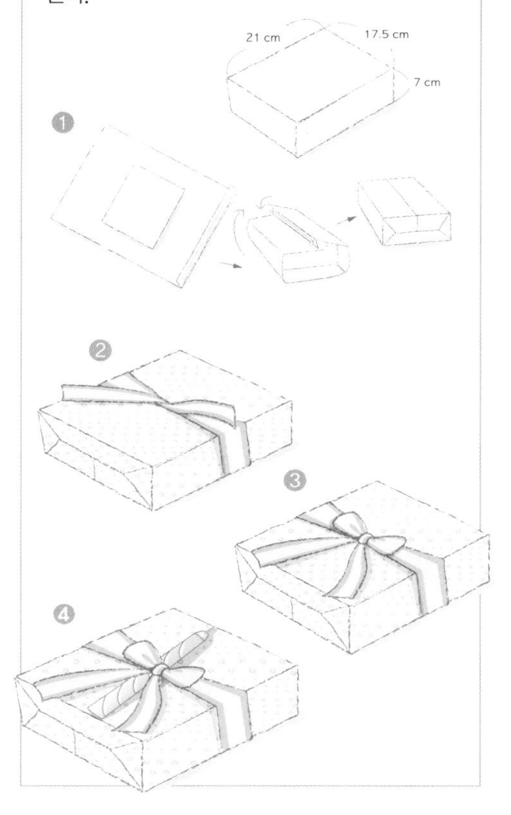

양초 장식이 개성 있는 웨딩 선물 포장

기억에 남는 선물을 하고 싶다면 포장 또한 뭔가 특별한 것이어야 한다. 화이트 포장지에 실버 망사 리본을 묶고 그 안쪽에 실버 양초를 넣어 장식을 더한다. 은은한 포장지에 같은 실버 톤의 리본을 매치했지만 여기에 양초 하나 올린 것만으로도 새로운 감각이 느껴진다. 이처럼 양초를 올려 포장할 때는 리본은 큼직하게 묶는 것이 좋다.

두 가지 선물을 하나로 연결한 아이보리 톤 포장

신혼부부에게 잠옷 세트를 선물할 때는 각각 포장한 뒤 마치 하나인 것처럼 연결해 선물하는 것도 좋은 방법이다. 각각의 잠옷을 넣은 선물 상자를 아이보리 포장지로 포장한 다음 두 상자를 하나로 묶는다. 그 위에 장미 레이스 갈런드를 멋스럽게 장식한다. 포장지나 리본, 갈런드 모두 아이보리 컬러로 매치해 은은한 멋을 살린다.

How To Wrapping ♥

♥ **사각 상자 2개, 펄 아이보리 스타드림지, 1㎝ 폭 아이보리 공단 리본, 5.5㎝ 폭 아이보리 오건디 리본, 장미 레이스 갈런드, 양면테이프**

1 준비한 상자 두 개는 아이보리 스타드림지로 각각 캐러멜식 포장(p18 참고)을 한다.
2 큰 상자 위에 작은 상자를 올리고 공단 리본을 X자 모양이 되도록 상자에 가로로 두 번 돌린 다음 나비 보(p24 참고)로 마무리한다.
3 오건디 리본을 상자에 세로로 한 바퀴 돌려 뒤쪽에서 양면테이프를 붙여 고정한다.
4 오건디 리본 위에 장미 레이스 갈런드를 올려 장식한다.

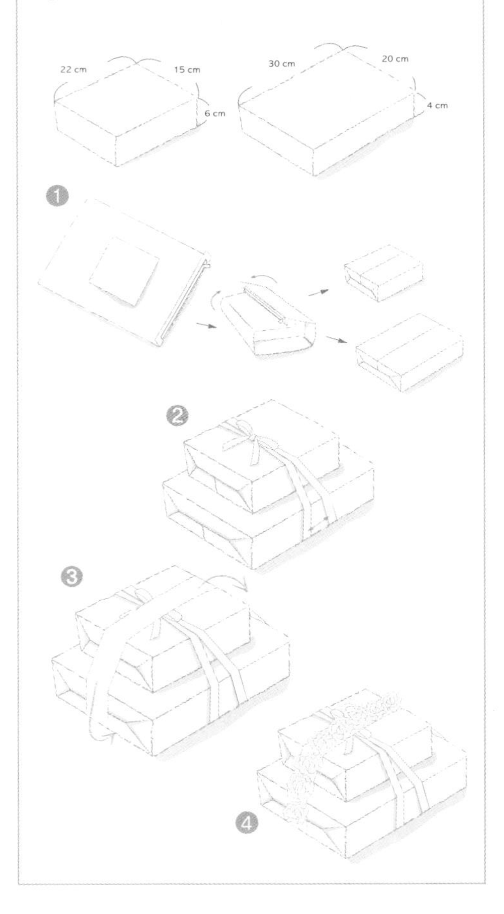

공단 리본과 생화로 포인트 준 둥근 박스 포장

작고 귀여운 선물을 여러 가지 준비했다면 큼직한 상자에 한데 담아보자. 그 자체로 스타일이 있는 상자를 준비해 심플하게 포장해 보는 것도 좋은 방법. 둥근 집 모양의 상자에 폭이 넓은 공단 리본을 묶고 같은 컬러의 장미 한 송이를 꽂아 장식하는 것으로 멋스런 포장이 완성된다.

How To Wrapping

두꺼운 도화지 상자, 2.5㎝ 폭 아이보리 공단 리본, 4㎝ 폭 아이보리 오건디 리본, 화이트 장미, 리시안서스

1 그림처럼 두꺼운 도화지에 도안을 그림 다음 가위로 오려내 상자를 만든다.

2 상자에 오건디 리본과 공단 리본을 겹쳐 세로로 한 바퀴 두른 다음 상자 바닥에 양면테이프를 붙여 리본을 고정한다.

3 ②의 상자에 공단 리본을 가로로 한 바퀴 둘러 일자 매기(p27 참고)를 한다.

4 ③의 공단 리본은 나비 보(p24 참고)로 마무리한다.

5 공단 리본 나비 보 매듭 부분에 장미와 리시안서스를 꽂아 장식한다.

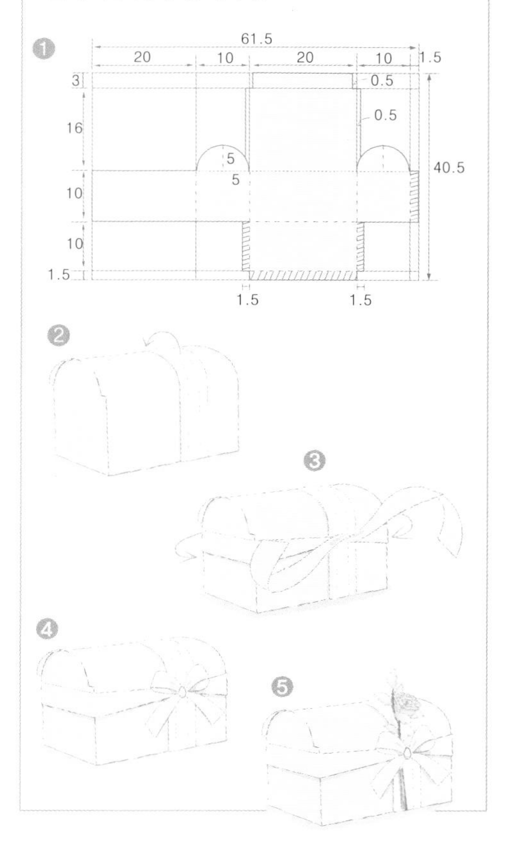

깜찍한 리본 장식이 돋보이는 미니 박스 포장

웨딩 답례품을 담을 작은 박스는 컬러 박스로 준비해 포장지 없이 리본 장식만으로 모양을 살린다. 대신 리본 주위에 작은 하트가 조로록 달린 깜찍한 오건디 리본을 준비해 보를 풍성하게 만들면 인상적인 포장이 될 듯. 짙은 핑크 상자와 화이트 상자를 준비한 뒤 짙은 핑크 상자에는 핑크 톤 리본을, 그리고 화이트 상자에는 화이트 리본을 묶어 깔끔하게 처리한다.

How To Wrapping ♥

♥ **사각 상자(화이트 · 짙은 핑크), 1㎝ 폭 하트 장식 오건디 리본(화이트 · 핑크)**

1 화이트 상자와 짙은 핑크 상자는 각각 상자와 같은 컬러의 오건디 리본으로 십자 매기(p27 참고)를 한다.
2 ①의 화이트 상자는 나비 보(p.24 참고)로 두세 번 더 묶는다.
3 ①의 핑크 상자도 ②와 같은 방법으로 나비 보를 여러 번 만들어 매듭 짓는다.

망사 천을 주머니 모양으로 장식한 캔디 포장

인생의 새 출발을 축하해 주기 위해 결혼식에 와 준 손님들에게 신랑신부가 내미는 작은 선물. 작고 보잘 것 없어 보이는 캔디 하나라도 정성스럽게 포장한다면 감사하는 마음이 고스란히 전해질 것이다. 화이트와 핑크 캔디를 망사 천으로 감싸고 가는 리본으로 묶은 다음 종이 새 한 마리를 올려 장식한다. 정성과 센스가 느껴지는 답례품으로 초대한 손님들에게 감사의 마음을 전해보자.

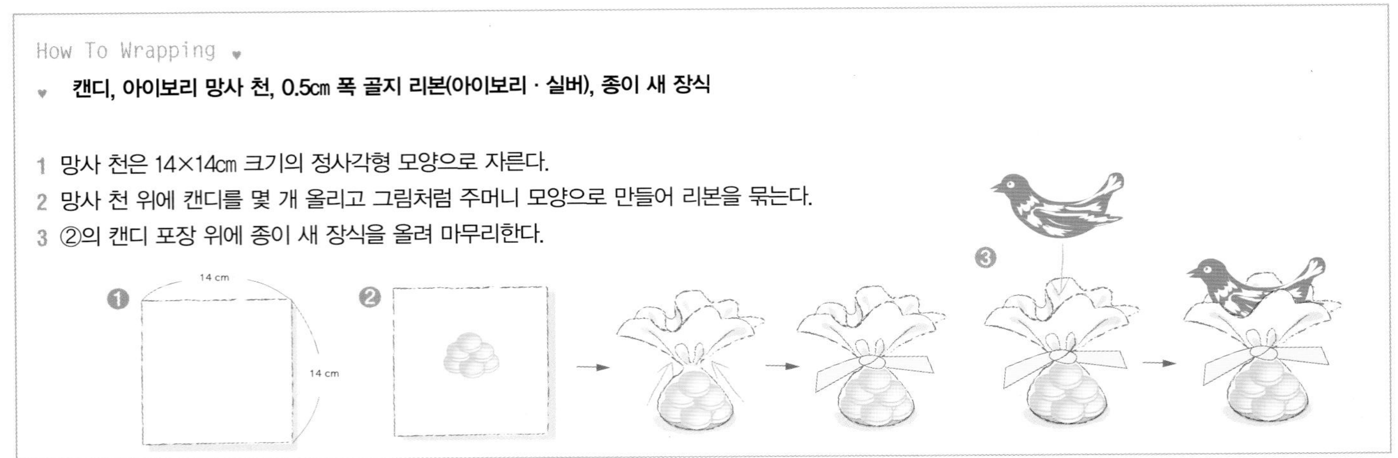

How To Wrapping ♥

♥ **캔디, 아이보리 망사 천, 0.5㎝ 폭 골지 리본(아이보리 · 실버), 종이 새 장식**

1 망사 천은 14×14㎝ 크기의 정사각형 모양으로 자른다.
2 망사 천 위에 캔디를 몇 개 올리고 그림처럼 주머니 모양으로 만들어 리본을 묶는다.
3 ②의 캔디 포장 위에 종이 새 장식을 올려 마무리한다.

How To Wrapping

실버 하트 프린트 아트지, 크리스털 오너먼트 장식 소품, 4cm 폭 실버 오건디 리본, 실버 체인, 클립, 양면테이프

1 p22의 봉투 만들기 1을 참고하여 아트지로 봉투를 만든다.

2 오건디 리본과 실버 체인을 겹쳐 오너먼트에 싱글 보(p24 참고)를 만들어 묶는다.

3 봉투 입구를 접어 클립을 끼운 다음 ②의 오너먼트를 매달아 장식한다.

오너먼트 장식으로 고급스럽게 완성한 봉투 포장

굳이 상자를 마련하지 않더라도 봉투 하나만으로도 얼마든지 예쁘게 포장할 수 있다. 실버 하트무늬가 가득 프린트된 화이트 포장지로 봉투를 만들어 선물을 담고, 봉투 입구는 접어서 여민 다음 리본 보 대신 크리스털 오너먼트로 장식해 고급스러운 이미지를 살린다. 이처럼 봉투를 장식할 때는 리본 대신 비즈나 오너먼트 등의 장식 소품을 활용하는 센스를 발휘해 보자.

for christmas

How To Wrapping ♥

♥ **사각 상자, 홀로그램 골드 포장지, 5㎝ 폭 골드 메탈 체인 장식 오건디 리본, 골드 장식 꽃, 글루건, 양면테이프**

1 포장지 중앙에 상자를 올리고 보자기식 포장(p19 참고)을 한다.

2 포장한 상자의 한쪽 옆으로 오건디 리본을 세로로 한 바퀴 둘러 일자 매기(p27 참고)를 한 다음 상자의 위쪽에서 나비 보(p24 참고)로 마무리한다.

3 나비 보 밑에 글루건으로 장식 꽃을 붙인다.

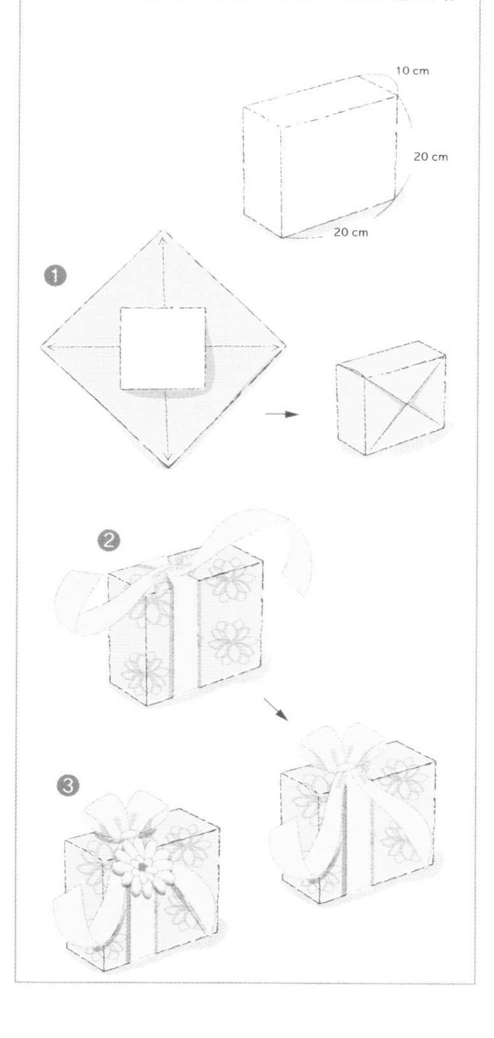

커다란 꽃 장식과 리본 연출이 감각적인 골드 톤 크리스마스 포장

포장지와 리본 모두 한 가지 컬러로 포장할 때는 소재의 선택이 중요하다. 일반 골드 포장지에 밋밋한 오건디 리본이나 공단 리본을 매치하면 평범해질 수 있을 듯. 일반 포장지를 사용할 때는 큐빅 장식이나 반짝이로 장식되어 있는 리본을 선택하고, 평범한 리본으로 포장할 때는 무늬가 화려한 포장지를 선택하는 것이 좋다. 심플한 골드 포장지 테두리에 반짝이는 체인 장식이 달려 있는 리본으로 멋을 내고, 여기에 이미테이션 꽃 장식을 더해 화려한 골드 톤 크리스마스 포장을 완성한다.

트리의 색감과 절묘하게 매치한 골드 & 카키 톤 선물 포장

크리스마스에는 아이들뿐만 아니라 어른들도 기분이 들뜨게 마련이다. 어른을 위한 선물은 고급스럽고 은은한 분위기를 낼 수 있는 컬러를 매치해 포장하는 것이 좋다. 무늬가 화려하게 프린트된 골드 컬러 포장지로 포장하고 카키색 바탕에 골드 프린트 리본으로 큼직하게 리본 보를 만들어 올린다. 카키와 골드의 고급스러운 매치는 어르신 선물 포장에도 손색없다.

How To Wrapping ♥

♥ **사각 상자 2개, 골드 프린트 포장지, 5㎝ 폭 별무늬 프린트 카키 와이어 공단 리본, 3.5㎝ 폭 골드 공단 리본, 천사 인형, 글루건, 양면테이프**

1 상자 두 개를 준비해 포장지로 작은 상자는 보자기식 포장(p19 참고)을 하고, 큰 상자는 캐러멜식 포장(p18 참고)을 한다.
2 골드 공단 리본과 카키 리본을 겹친 다음 작은 상자에 십자 매기(p27 참고)를 하고 포 보(p24 참고)를 묶는다.
3 ②의 포 보 가운데에 글루건으로 천사 인형을 붙인다.

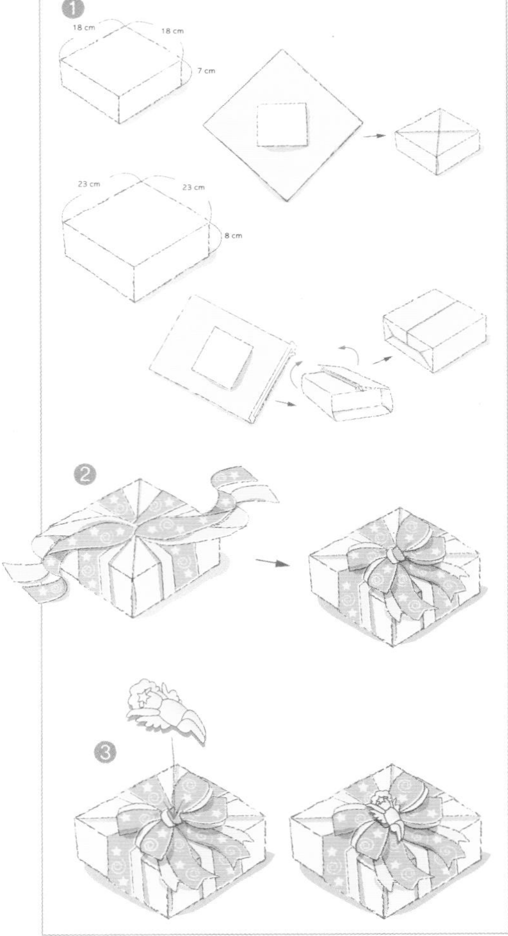

How To Wrapping ♥

♥ **구김지, 1.5㎝ 폭 붉은 프린트 공단 리본, 트리 장식 소품**

1 p23 봉투 만들기 2를 참고하여 구김지로 8×19㎝ 크기의 봉투를 만든다.
2 봉투에 선물을 담은 뒤 양쪽을 주름 잡아 주머니 모양을 만든다.
3 봉투에 공단 리본을 나비 보(p24 참고)로 묶어 마무리한다.
4 나비 보 앞에 트리 장식 소품을 달아 장식한다.

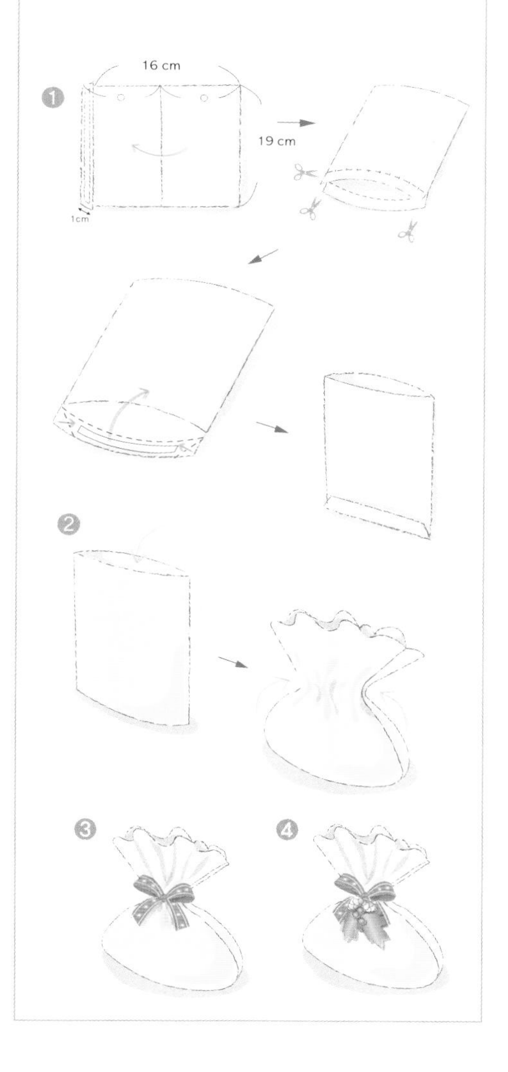

크리스마스 트리의 오너먼트 사탕주머니 포장

아이들에겐 트리 밑에 놓인 큼지막한 크리스마스 선물 꾸러미도 좋지만 트리에 장식품처럼 작은 주머니를 구석구석 매달아 하나씩 열어보게 하는 재미 또한 훌륭한 선물이 된다. 사탕이나 과자 혹은 아이들이 좋아하는 선물을 준비해 작은 봉투에 담고 주머니 모양으로 장식한 후 트리에 오너먼트처럼 장식한다. 가족들에게 깜짝 선물을 할 때도 좋을 듯.

How To Wrapping ♥

♥ **사각 상자 2개, 그린 레자크지, 4㎝ 폭 레드 와이어 리본, 0.5㎝ 폭 초록 리본, 양면테이프**

1 사각 상자를 두 개 준비해 작은 상자는 보자기식 포장(p19 참고)을 하고, 큰 상자는 캐러멜식 포장(p18 참고)을 한다.

2 포장한 큰 상자는 와이어 리본으로 일자 매기(p27 참고)를 한 후 나비 보(p24 참고)로 마무리한다.

3 포장한 작은 상자는 와이어 리본으로 일자 매기를 한 다음 상자 위쪽에서 트리플 보(p24 참고)를 만들고 트리플 보 위에 초록 리본으로 나비 보를 한 번 더 만들어 마무리한다.

크리스마스 대표 컬러 그린 & 레드 톤 포장

찬바람이 불면서 거리에 그린 & 레드의 매치가 부쩍 눈에 띄면 크리스마스가 얼마 남지 않았음을 알 수 있다. 크리스마스를 온전히 즐길 수 있도록 그린과 레드 컬러를 포장에 응용해 보자. 그린 포장지로 상자를 포장하고 그린 나뭇잎이 프린트된 레드 리본으로 풍부하게 장식한다. 컬러에서 느껴지는 크리스마스를 만끽해 보자.

상자 뚜껑에 리본만 묶어도 깔끔한 크리스마스 쿠키 포장

크리스마스 때는 손수 쿠키를 만들어 가까운 친구들에게 선물하기도 한다. 일 년에 한 번뿐인 크리스마스가 특별히 기억에 남는 날이 될 수 있도록 포장까지 직접 해보자. 쿠키를 담을 둥근 상자는 갈색으로, 다른 하나는 초록색으로 두 개 준비하고 갈색 상자에는 붉은 리본을 묶고, 초록색 상자에는 초록색 리본을 묶어 장식한다. 특별한 방법은 아니지만 대표적인 크리스마스 컬러로 포장한 쿠키는 크리스마스의 의미를 전달하기에 충분할 듯.

How To Wrapping ♥

♥ **타원형 상자 2개(갈색 · 초록색), 2㎝ 폭 와이어 새틴 리본, 2.5㎝ 폭 자카드 리본, 크리스마스 쿠키, 유산지**

1 새틴 리본과 자카드 리본을 겹쳐 양면테이프로 초록색 상자 뚜껑에 사선으로 붙인다.
2 새틴 리본과 자카드 리본을 겹쳐 코사지 보(p25 참고)를 만든 다음 상자 뚜껑에 붙인다.
3 상자 안에 유산지를 깔고 쿠키를 담고 상자 뚜껑을 덮는다.

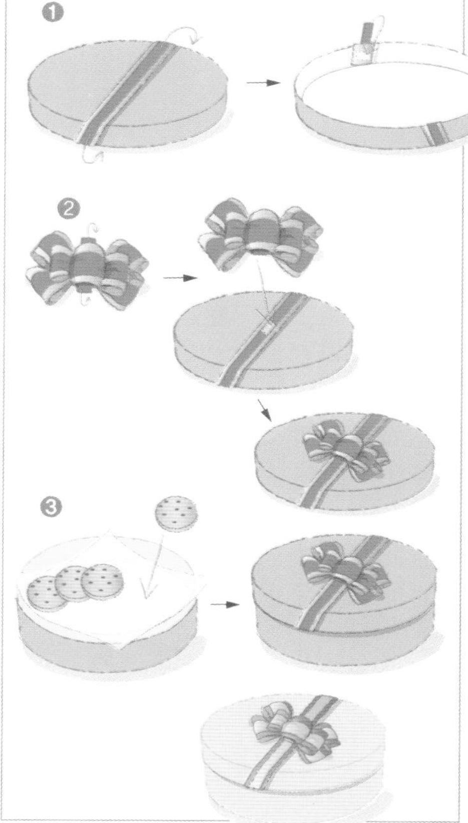

눈 모양 장식으로 개성 살린 실버 & 블랙 포장

웃어른에게 크리스마스 선물을 할 때는 단정한 포장이 좋다. 실버 포장지로 상자를 포장한 뒤 블랙 리본을 상자에 둘러 심플하게 모양을 낸 다음 눈 결정 모양의 소품을 붙여 포인트를 준다. 실버와 블랙 컬러가 어우러져 세련된 느낌을 준다. 조금 단조롭다 싶을 때는 크리스마스 장식 소품으로 멋을 내는 것도 좋은 방법.

How To Wrapping ♥

♥ **사각 상자, 실버 홀로그램 아트지, 3.5㎝ 폭 블랙 벨벳 리본, 눈 결정 모양 소품, 글루건, 양면테이프**

1 실버 홀로그램 아트지 중앙에 상자를 올리고 캐러멜식 포장(p18 참고)을 한다.
2 상자의 $\frac{1}{3}$ 정도 위치에 리본을 한 바퀴 두르고 상자 뒤쪽에서 양면테이프를 붙여 고정한다.
3 ②의 리본 위에 눈 결정 모양 소품을 글루건으로 붙인다.

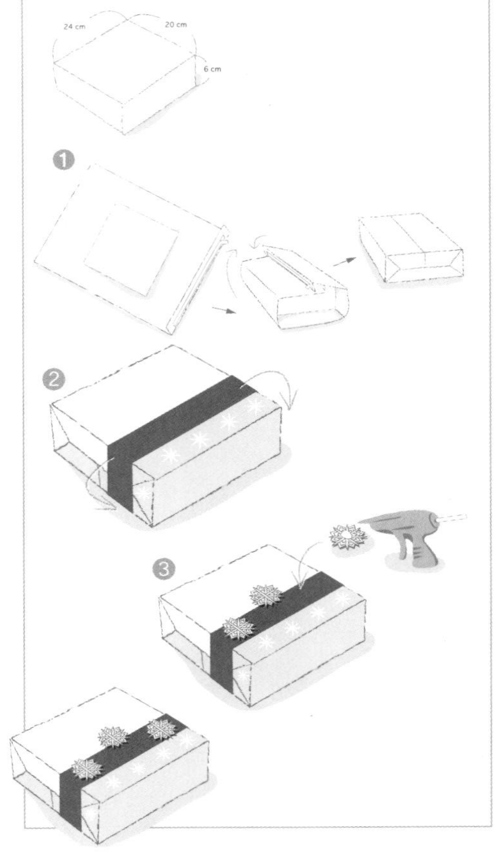

How To Wrapping ♥

♥ **사각 상자 2개, 골드 & 실버 홀로그램 · 실버 펄 구김 포장지, 3.5㎝ 폭 실버 메탈릭 금사 와이어 리본, 1㎝ 폭 실버 리본, 양면테이프, 와이어**

1 큰 상자와 작은 상자는 실버 펄 구김지로 각각 캐러멜식 포장(p18 참고)을 한다.
2 포장한 작은 상자에 상자 높이만큼 골드 & 실버 홀로그램 포장지를 둘러 붙인다.
3 ②의 상자에 와이어 리본을 세로로 한 바퀴 둘러 상자 위쪽에서 일자 매기(p27 참고)를 한 다음 나비 보(p24 참고)로 마무리한다.
4 ①의 포장한 큰 상자에 와이어 리본을 사선 매기(p28 참고)를 한 다음 나비 보로 마무리한다. 실버 리본으로 나비 보를 만든 다음 와이어 리본 보 위에 올리고 와이어로 고정한다.

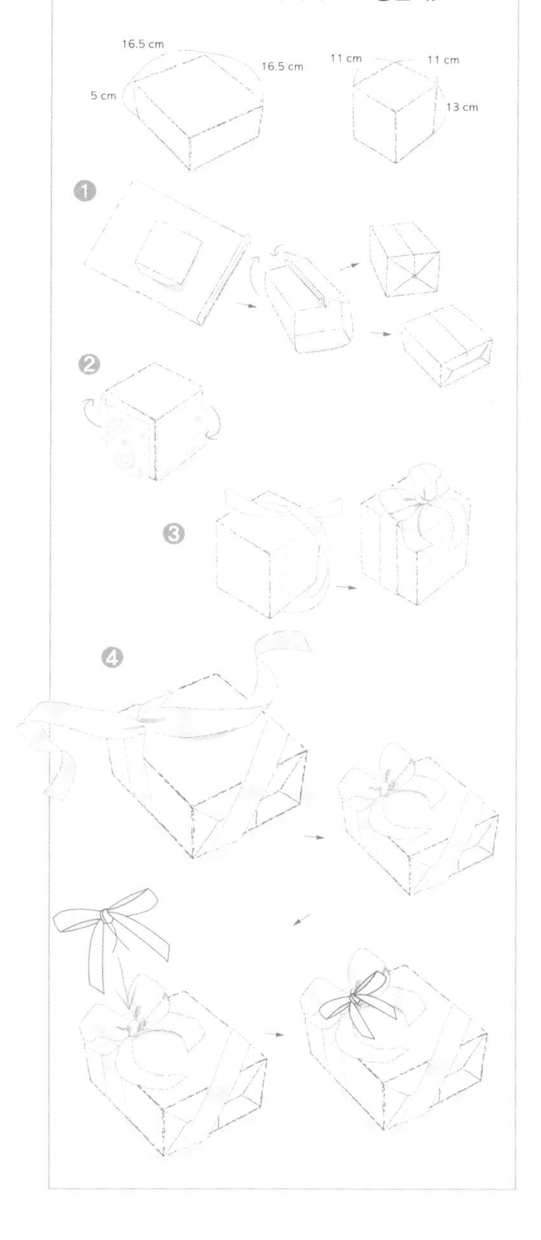

강렬한 실버 톤 포장이 인상적인 크리스마스 포장

크리스마스를 단 둘이 오붓하게 지내기 위해, 그 시간이 더욱 행복해지도록 둘이 함께할 수 있는 선물을 준비한다. 선물의 아이템이 다르더라도 포장은 세트 느낌을 살려보자. 선물 포장은 은은한 마음이 전해지는 실버 컬러를 선택하고 리본 또한 같은 컬러로 장식한다.

자주색 벨벳과 골드 리본 & 오너먼트 장식이 고풍스러운 포장

크리스마스 분위기를 고조시키는 고풍스러운 포장을 준비해 보자. 보는 것만으로도 고급스럽고 따뜻함까지 느껴지는 벨벳 천으로 상자를 포장하고 여기에 골드 와이어 리본을 상자 가득 풍성하게 연출한다. 그리고 트리 장식에 활용하는 오너먼트 볼을 곁들이면 품격이 느껴지는 포장이 완성된다. 자주색과 금색의 고급스러운 매치가 돋보이는 아이디어.

How To Wrapping ♥

♥ **사각 상자, 자주색 벨벳 천, 6㎝ 폭 자주색 프린트 골드 와이어 오건디 리본, 골드 오너먼트 볼, 스프레이 접착제, 양면테이프**

1 벨벳 천을 준비한 상자 크기에 2㎝ 시접을 두고 재단한 다음 스프레이 접착제를 이용해 상자를 커버링한다.
2 와이어 오건디 리본을 포장한 상자에 십자 매기(p27 참고)를 한 다음 나비 보(p24 참고)를 여러 개 만들어 묶는다.
3 나비 보 사이사이에 오너먼트 볼을 끼우고 양면테이프로 고정한다.

❶ 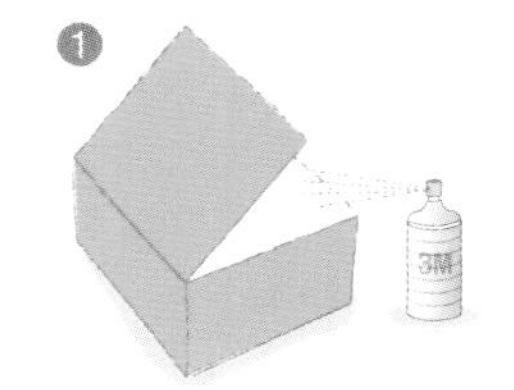

❷ 

→ 

❸ 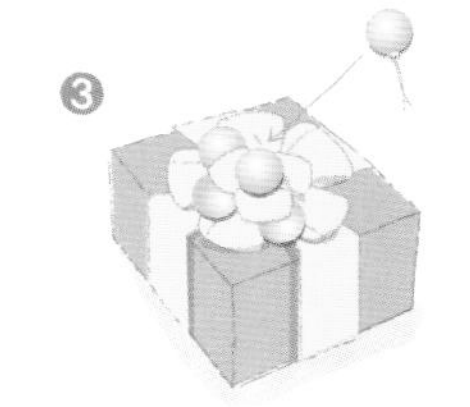

→ 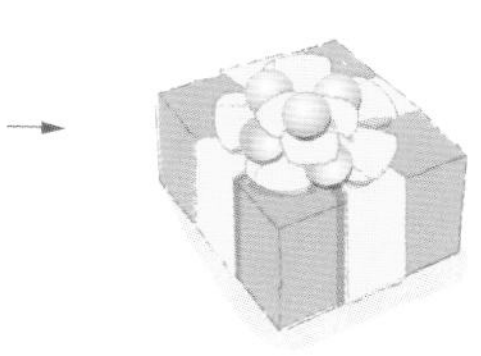

다양한 소재로 변화를 준 골드 & 화이트 크리스마스 선물 포장

골드 컬러를 주제로 크리스마스 선물을 포장할 때 골드만으로는 왠지 부담스럽게 느껴진다면 화이트 컬러를 살짝 곁들여 보자. 리본에, 장식 소품에, 포장지에…. 골드와 화이트 리본을 겹쳐 포장해도 좋고, 골드 & 화이트가 매치된 포장지에 골드 리본을 더해도 좋다. 그 외 골드로 포장한 상자 위에 비즈 장식이나 꽃 장식을 화이트로 마무리하는 것도 좋은 방법. 골드와 실버의 매치가 무게감이 느껴진다면 골드 & 화이트의 매치는 한결 캐주얼하게 느껴지므로 어느 연령대의 선물로든 무난하게 잘 어울린다.

How To Wrapping ♥

♥ **사각 상자 3개, 골드 · 홀로그램 골드 포장지, 4㎝ 폭 골드 도트무늬 오건디 리본, 1㎝ 폭 실버 오건디 리본, 4㎝ 폭 망사 리본, 2㎝ 폭 메탈릭 골드 리본, 골드 끈, 조화, 양면테이프**

1 작은 상자는 골드 포장지로 보자기식 포장(p19 참고)을, 큰 상자는 하나는 골드 포장지로 캐러멜식 포장(p18 참고)을, 다른 하나는 홀로그램 골드 포장지로 회전식 포장(p18 참고)을 한다.
2 작은 상자는 골드 끈으로 십자 매기(p27 참고)를 한 다음 조화를 올려 장식한다.
3 홀로그램 골드 포장지로 포장한 상자는 망사 리본과 메탈릭 리본을 겹쳐 세로로 일자 매기(p27 참고)를 한 다음 포 보(p24 참고)로 마무리한다.
4 골드 포장지로 포장한 큰 상자는 도트무늬 오건디 리본과 실버 오건디 리본을 겹쳐 십자 매기를 한 다음 나비 보(p24 참고)로 마무리한다.

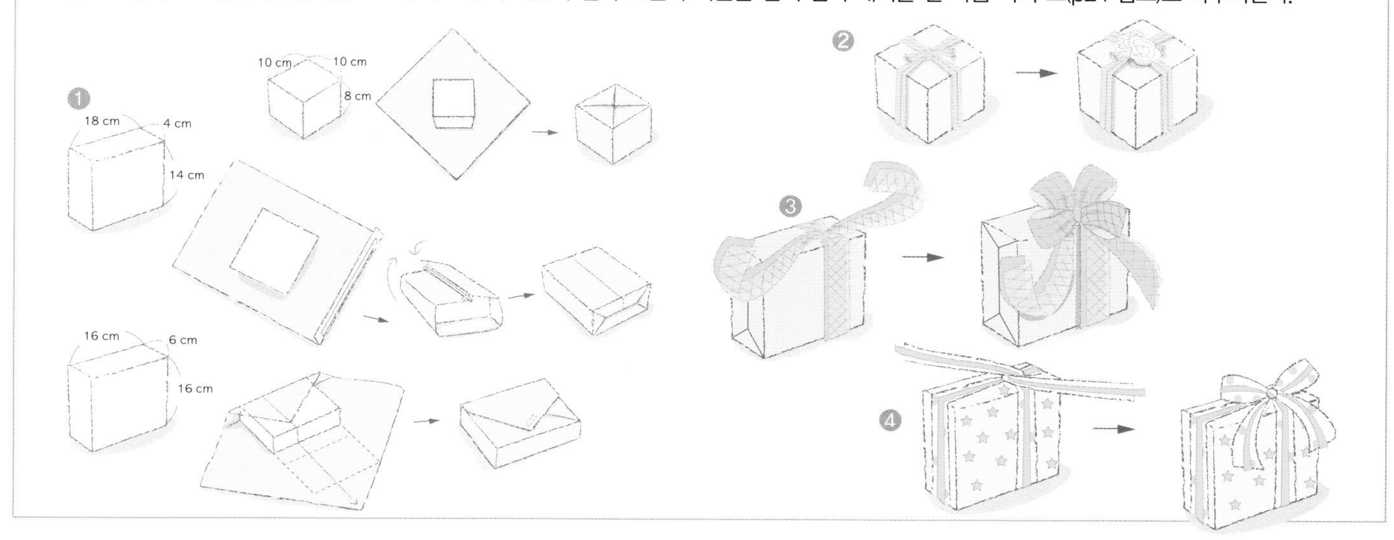

크리스마스 파티 손님을 위한 깜짝 선물 포장

손님을 초대한 크리스마스. 손님들에게 줄 선물을 마련해 크리스마스의 들뜬 기분을 한층 더 살려본다. 골드 포장지로 봉투를 만들고 화이트 오건디 리본으로 봉투를 묶어 장식한다. 그리고 리본 위쪽으로 골드 열매 장식을 하나 붙여 아기자기한 재미까지 더해 장식을 돋보이게 한다. 이렇게 포장한 선물을 손님 자리에 하나씩 놓아두면 더욱 대접 받는 기분을 줄 수 있어 한결 값진 크리스마스가 될 것이다.

How To Wrapping ♥

♥ **골드 구김지, 4㎝ 폭 화이트 오건디 리본, 골드 열매 장식**

1 p22의 봉투 만들기 1을 참고하여 골드 포장지로 10×15×4㎝ 크기의 봉투를 만든 다음 입구를 앞쪽으로 두 번 접는다.
2 오건디 리본을 봉투에 세로로 한 바퀴 둘러 일자 매기(p27 참고)를 한 다음 봉투 앞쪽에서 나비 보(p24 참고)로 마무리한다.
3 나비 보 위 매듭 사이에 골드 열매 장식을 끼운다.

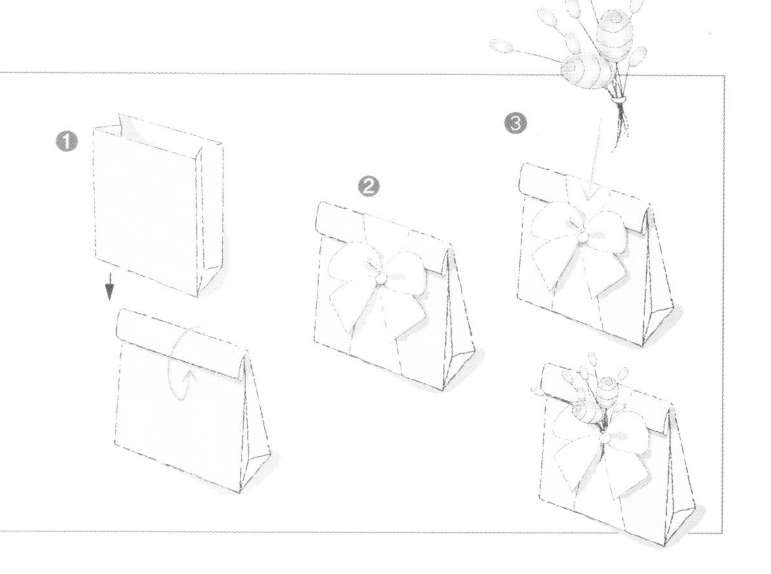

How To Wrapping ♥

♥ **사각 상자 2개, 벨벳 카키 발포 포장지, 4㎝ 폭 와이어 리본(골드 · 레드), 골드 끈, 열매 코사지, 양면테이프, 글루건**

1 준비한 상자는 각각 발포 포장지로 보자기식 포장(p19 참고)을 한다.

2 포장한 작은 상자에는 골드 와이어 리본과 골드 끈을 겹쳐 일자 매기(p27 참고)를 한 다음 나비 보로 마무리한다.

3 포장한 큰 상자에는 골드 와이어 리본과 레드 와이어 리본을 겹쳐 십자 매기(p27 참고)를 한 다음 나비 보로 마무리하고 나비 보 위에 골드 끈을 한 번 묶는다.

4 ②, ③의 상자 보 위에 각각 글루건으로 열매 코사지를 붙인다.

크리스마스 분위기 한껏 살린 코사지 장식 포장

크리스마스 분위기를 만끽하고 싶을 때는 크리스마스 장식에 흔히 사용하는 열매 코사지를 선물 포장에 응용해 본다. 선물 상자를 포장지와 리본으로 깔끔하게 포장한 뒤 나비 보 위에 열매 코사지를 올려 장식한다. 코사지를 올릴 때는 부담스럽지 않게 적절하게 올리는 것이 포인트. 리본은 길게 늘어뜨려 장식적인 효과를 강조한다.

How To Wrapping

패턴 페이퍼(레드 · 화이트 꽃무늬), 붉은색 종이, 0.5㎝ 폭 레드 자카드 리본, 7×10㎝ 크기 포장용 비닐 봉투, 사슴 집게, 펀치, 양면테이프

상자 만들어 포장하기

1 p23을 참고하여 레드 꽃무늬 무늬지로는 상자 뚜껑을, 화이트 꽃무늬 무늬지로는 상자 본체를 만든다.

2 레드 꽃무늬 포장지의 꽃무늬를 몇 개 오려 상자 뚜껑 위에 입체감을 살려 붙인다.

3 자카드 리본으로 상자에 사선 매기(p28 참고)를 한 후 나비 보(p24 참고)로 마무리한다.

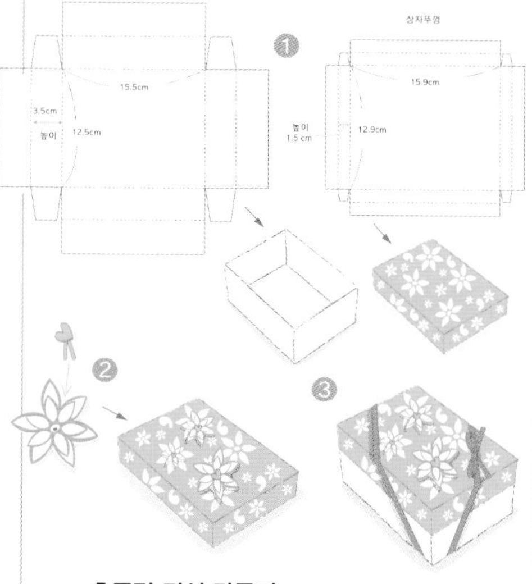

초콜릿 장식 만들기

1 붉은색 종이를 6×9㎝ 크기로 자르고 윗부분을 1.5㎝ 앞쪽으로 접은 다음 접은 다음 밑부분 양끝은 둥글게 자른다.

2 ①을 준비한 비닐 봉투에 넣고 초콜릿도 함께 넣은 다음 종이의 접은 부분에 펀치로 구멍을 두 개 낸다. 구멍에 자카드 리본을 통과시켜 입구를 막고 리본을 묶는다. 그 위에 사슴 집게를 단다.

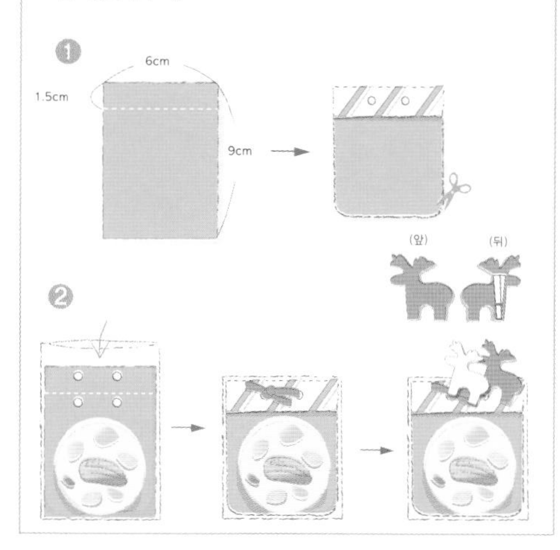

포장지의 꽃무늬를 오려 장식한 크리스마스 초콜릿 선물 상자 만들기

컬러와 프린트가 돋보이는 종이로 직접 선물 상자를 만들어 보자. 여기에 리본 하나만 살짝 묶으면 포장지로 포장하는 것보다 한결 멋스럽게 연출할 수 있다. 붉은색 바탕에 꽃무늬가 예쁘게 프린트된 도톰한 종이로 상자를 만들고 종이에 프린트된 꽃으로 상자를 장식한다. 그리고 붉은 리본 하나 심플하게 묶었더니 근사한 크리스마스 선물 상자가 완성! 초콜릿을 담아 선물할 때는 초콜릿 장식을 만들어 곁들이면 더욱 아기자기한 분위기를 낼 수 있다.

아이에게 특별한 날로 기억될 **핼러윈 선물 포장**

10월의 마지막 날인 10월 31일 핼러윈데이.아이들을 위해 선물을 마련한다면 핼러윈을 대표하는 컬러인 오렌지와 블랙만 활용해 포장해도 제법 분위기가 난다. 리본 역시 오렌지 & 블랙 컬러를 선택하고, 호박무늬가 프린트된 리본을 더한다면 한결 좋을 듯. 여기에 블랙 컬러의 깃털과 비즈로 분위기를 한층 살린다면 더욱 특별한 선물이 될 것이다.

♥ **작은 사각 상자**

How To Wrapping ♥

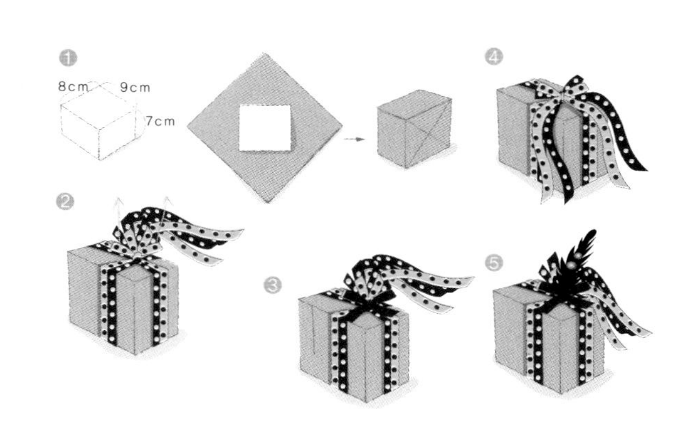

♥ **사각 상자, 블랙 레자크지, 1㎝ 폭 도트무늬 골지 리본(블랙 · 오렌지), 2㎝ 폭 블랙 공단 리본, 블랙 깃털, 블랙 비즈, 양면테이프**

1 사각 상자를 레자크지로 보자기식 포장(p19 참고)을 한다.
2 오렌지와 블랙 골지 리본을 겹쳐 ①의 상자 위에서 십자 매기(p27 참고)를 한다.
3 ②의 나비 보(p24 참고)와 리본을 모두 위쪽으로 올린 다음 블랙 공단 리본을 두르고 나비 보로 묶는다.
4 ③의 보 위에 깃털과 비즈를 달아 장식한다.

♥ **큰 사각 상자 & 원통 상자**

How To Wrapping ♥

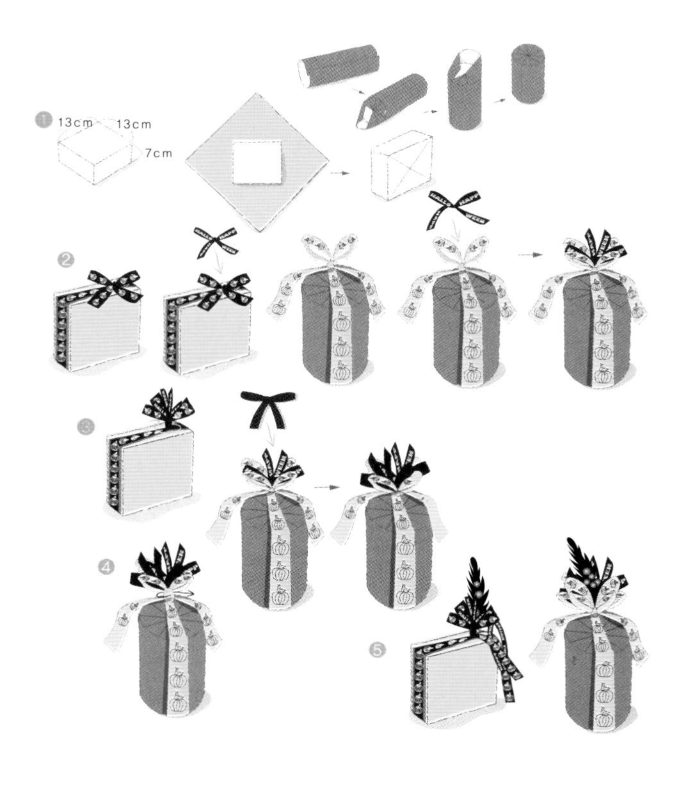

♥ **사각 상자, 원통 상자, 레자크지(블랙 · 오렌지), 4㎝ 폭 블랙 오건디 리본, 3.5㎝ 폭 호박 프린트 블랙 새틴 리본, 2㎝ 폭 글자 프린트 블랙 새틴 리본, 블랙 깃털, 블랙 비즈, 양면테이프**

1 사각 상자는 오렌지 레자크지로 보자기식 포장(p19 참고)을 하고, 원통 상자는 블랙 레자크지로 원통 캐러멜식 포장(p18 참고)을 한다.
2 사각 상자는 오건디 리본과 호박 프린트 새틴 리본을 겹쳐 상자의 옆면에 한 바퀴 돌린 다음 오른쪽 위에서 나비 보(p24참고)로 마무리하고, 원통 상자는 호박 프린트 새틴 리본을 상자에 세로로 한 바퀴 두른 다음 나비 보로 묶는다.
3 글자 프린트 새틴 리본으로 나비 보를 2개 만들어 사각 상자와 원통 상자에 각각 올린 후 ②의 리본으로 나비 보를 만들어 묶는다.
4 원통 상자는 ③의 나비 보를 모두 위쪽으로 올리고 오건디 리본으로 묶은 다음 나비 보로 마무리한다.
5 사각 상자와 원통 상자 모두 완선된 보 위에 블랙 깃털과 비즈를 달아 장식한다.

♥ **삼각 상자 포장**

How To Wrapping ♥

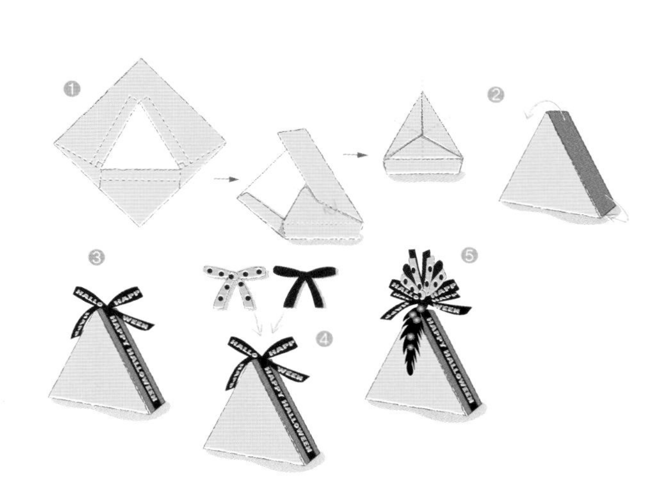

♥ **삼각 상자, 오렌지 레자크지, 4㎝ 폭 블랙 오건디 리본, 2㎝ 폭 글자 프린트 블랙 새틴 리본, 1㎝ 폭 도트무늬 골지 리본(블랙 · 오렌지), 블랙 깃털, 비즈, 양면테이프**

1 삼각 상자는 레자크지로 삼각 상자 보자기식 포장(p20 참고)을 한다.
2 블랙 오건디 리본을 ①의 상자 둘레에 둘러 붙인다.
3 ②의 오건디 리본 두른 위에 글자 프린트 새틴 리본을 한 바퀴 두른 다음 나비 보(p24 참고)로 마무리한다.
4 ③의 나비 보 위에 오렌지색 골지 리본과 블랙 골지 리본으로 차례로 나비 보를 만들어 묶는다.
5 ③~④에서 만들 나비 보를 모두 위로 올리고 글자 프린트 새틴 리본으로 묶은 다음 나비 보로 마무리하고, 깃털과 비즈를 달아 장식한다.

Food & Flower...

Part 6

나눌수록 커지는 정을 담아~

음식 & 꽃 선물 포장

손수 만든 음식을 나누는 것, 그리고 마음을 담은 꽃을 선물하는 것만큼 정성어린 일이 또 있을까요? 만드는 법이 서툴고 모양이 제대로 나지 않는다 해도 당신의 정성이 모자라는 것은 아닙니다. 정성을 한아름 담은 행복 선물, 보는 것만으로도 기분 좋아지는 선물··· 정성과 아이디어 포장으로 당신의 센스를 몇 배 업그레이드해 보세요.

How To Wrapping

4㎝ 폭 화이트 오건디 리본

1 준비한 쿠키에 오건디 리본을 세로로 한 바퀴 빙 두른다.
2 뒤쪽 리본으로 앞쪽 리본을 감싼 후 만들어진 고리에 끼워 넣는다.
3 리본을 잡아당겨 단단히 묶는다.

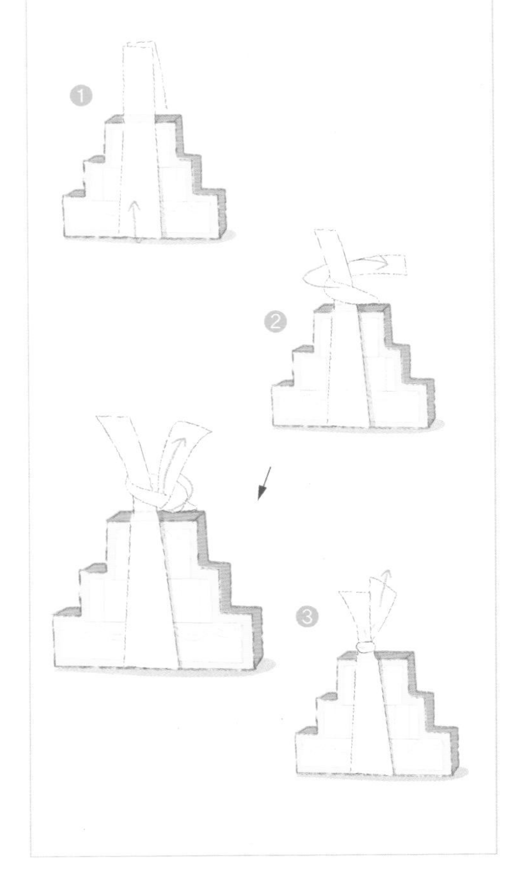

화이트 오건디 리본으로 장식한 개별 쿠키 포장

모양이 예쁜 쿠키는 그 모양이 그대로 드러나도록 포장하는 것이 좋다. 쿠키에 오건디 리본만 살짝 묶어도 한결 보기 좋고 고급스러움까지 느껴진다. 이렇게 선물할 때는 개별 포장한 것을 한데 모아 예쁜 화이트 상자에 담아도 좋고, 손님을 초대한 자리라면 테이블 위에 올려 장식 소품으로 활용해도 좋다. 이처럼 쿠키나 케이크를 선물할 때는 투명한 케이스에 담아 리본 하나만 살짝 곁들여 은은한 멋을 내도록 한다.

스웨이드 천을 이용한 원통 쿠키 박스 포장

손수 만든 쿠키나 초콜릿은 아이뿐만 아니라 누구에게도 선물하기 좋은 아이템이다. 둥근 모양의 초콜릿을 담을 케이스를 준비하고, 그 위에 스웨이드 천을 붙인다. 케이스의 밑부분과 뚜껑을 따로 포장하는 것이 실용적이다. 내용물을 담을 때는 작은 종이 도일리를 준비해 쿠키 또는 초콜릿과 도일리를 번갈아 쌓는 것이 모양도 좋고 한결 정성스러운 포장이 된다.

How To Wrapping

원통형 케이스 2개, 스웨이드 천(갈색 · 자주색), 가죽 끈(갈색 · 자주색), 아일릿, 종이 도일리, 스프레이 접착제

1 준비한 원통형 케이스에 스프레이 접착제를 이용해 스웨이드 천을 붙인다.

2 케이스 양 옆에 구멍을 내고 아일릿을 단 다음 양쪽 모두 스웨이드 천과 같은 컬러의 가죽 끈을 단다.

3 종이 도일리와 초콜릿을 번갈아 쌓아가며 케이스에 넣고 뚜껑을 닫은 다음 옆쪽의 가죽 끈을 뚜껑 위쪽으로 올려 나비 보(p24 참고)로 마무리한다.

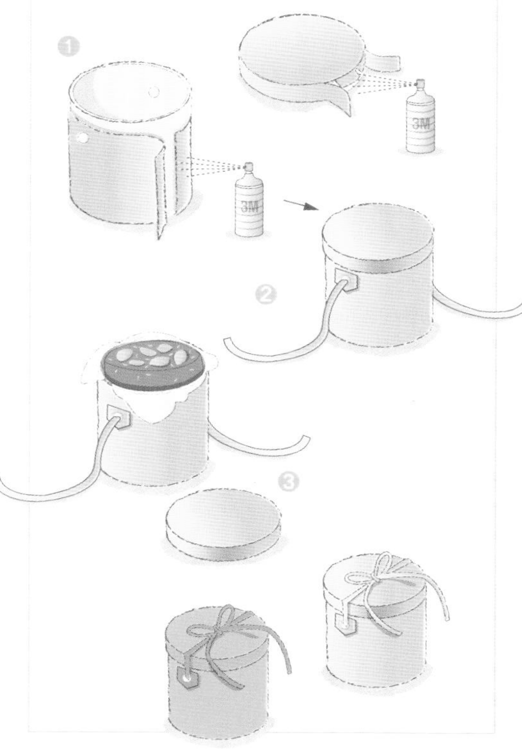

How To Wrapping

내추럴 톤 두꺼운 종이, 일회용 플라스틱 포크, 지끈(그린 · 브라운), 양면테이프

1 그림처럼 두꺼운 종이에 상자를 도안한다.
2 ①의 도안대로 선을 따라 가위로 깔끔하게 오린 다음 점선을 따라 접고 시접에 양면테이프를 붙여 단단히 고정한 뒤 뚜껑에 구멍을 낸다.
3 뚜껑 구멍 사이로 바깥쪽에서 지끈을 넣어 지끈 사이에 포크 2개가 X자 모양이 되도록 끼우고 지끈은 바깥쪽에서 묶어 마무리한다.
4 상자 뚜껑을 닫은 다음 브라운색 지끈과 그린색 지끈을 겹쳐 상자에 일자 매기(p27 참고)를 한 다음 싱글 보(p24 참고)로 마무리한다.

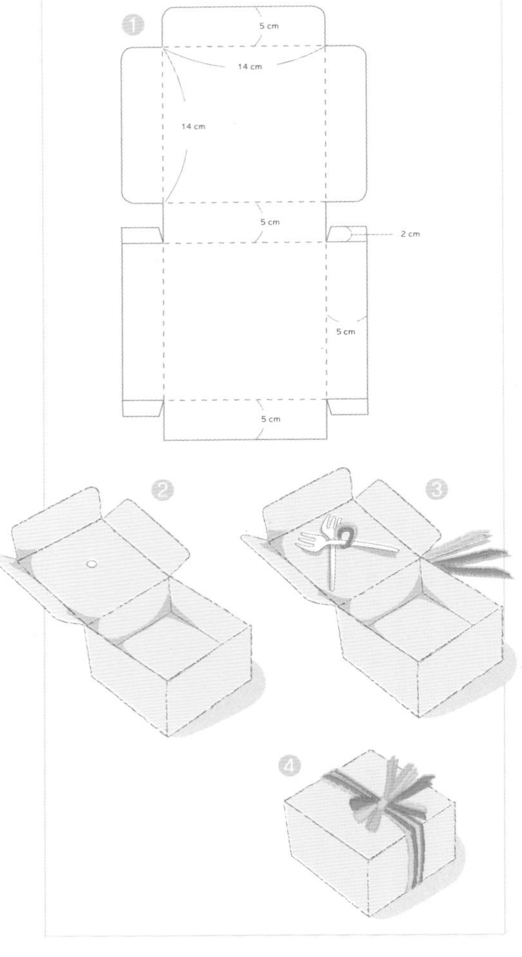

포크로 장식 효과 살린 샌드위치 포장 박스

간단한 점심 메뉴로 인기 만점인 샌드위치는 직접 만들어 선물하기에도 훌륭한 아이템이다. 친구나 동료에게 손수 만든 샌드위치를 선물할 때 봉투나 밀폐용기에 담는 것보다 샌드위치와 어울리는 종이 상자를 직접 만들어 전달한다면 그 감동은 훨씬 크게 느껴질 것이다. 두꺼운 종이로 사각 케이스를 만들고 케이스 안쪽에 포크를 꽂아 장식 겸 실용성을 살린다.

각기 다른 예쁜 상자가 오밀조밀!
종합 쿠키 선물 세트

여러 가지 쿠키를 한번에 선물할 때는 큼직한 상자에 담는 것이 좋은데, 쿠키가 서로 섞이지 않도록 작은 상자를 여러 개 마련해 큰 상자에 담는다. 쿠키 사이즈에 맞게 작은 상자를 제작해 쿠키를 넣고, 사이사이에 사탕이나 초콜릿을 넣은 상자를 예쁘게 포장한다. 선물 상자를 열면 그 안에 담긴 각양각색의 쿠키들…. 보는 것만으로도 즐거운 종합 선물 세트만의 매력!

How To Wrapping

내추럴 톤 두꺼운 종이, 사각 미니 상자 2개, 도트무늬 포장지(핑크 · 레드), 0.5㎝ 폭 레드 공단 리본, 0.5㎝ 폭 핑크 폴리 리본, 양면테이프

미니 상자 포장

1 미니 상자는 핑크와 레드 포장지로 각각 보자기식 포장(p19 참고)을 한다.

2 ①의 상자는 각각 공단 리본과 폴리 리본으로 십자 매기(p27 참고) 를 한 다음 나비 보(p24 참고)로 마무리한다.

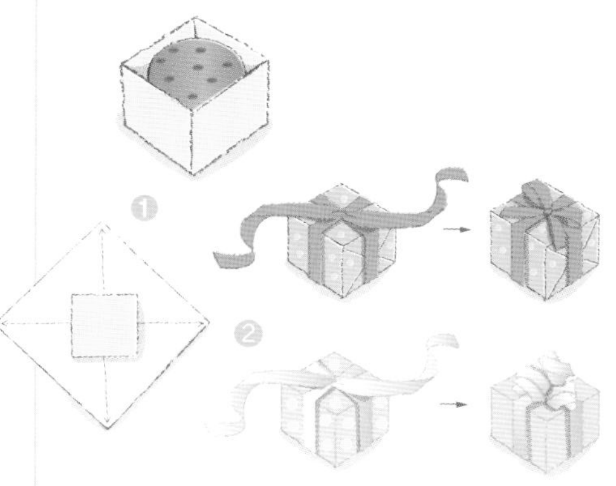

상자 만들기

1 그림처럼 두꺼운 종이에 상자를 도안한다.

2 ①의 도안은 선을 따라 가위로 깔끔하게 오린 다음 점선을 따라 접고 밑부분은 양면테이프를 붙여 단단히 고정한다.

3 상자에 쿠키를 넣고 뚜껑을 닫은 다음 리본으로 십자 매기를 한 후 싱글 보로 마무리한다.

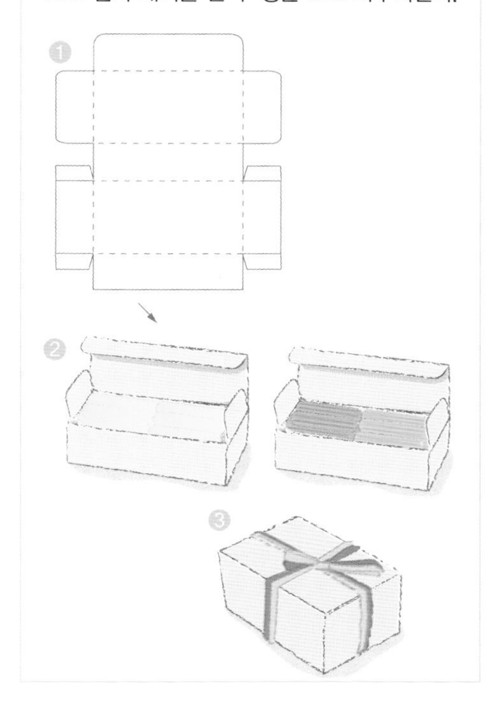

핸드메이드의 정성이 돋보이는 아이디어 파이 박스

제과 · 제빵을 좋아하는 사람이라면 손수 만든 쿠키나 케이크, 파이 등을 선물하는 일이 즐겁지 않을 수 없다. 가령 파이를 선물할 때 마땅한 케이스가 없어 그저 비닐봉투에 담아 선물하는 것은 아닌지…. 정성 들여 만든 파이의 가치를 느낄 수 있도록 상자도 손수 만들어 보자. 깔끔한 화이트 톤의 두툼한 종이로 파이 사이즈에 맞게 상자를 만들고 상자의 모서리에 지끈을 묶어 산뜻하게 장식한다.

How To Wrapping

두꺼운 도화지, 라피아 끈, 종이 도일리

1 두꺼운 도화지에 그림처럼 상자를 재단한 뒤 그림에 표시된 부분에 구멍을 낸다.
2 점선을 따라 종이를 접은 다음 구멍이 서로 맞닿을 수 있도록 맞추고 구멍에 라피아 끈을 연결해 단단히 묶는다.
3 상자 안쪽에 종이 도일리를 깔고 파이를 넣은 다음 뚜껑을 덮는다.

트레이싱지와 부직포로 은은한 컬러감 살린 미니 파운드케이크 포장

트레이싱지 안에 짙은 컬러의 포장지를 넣으면 그 컬러가 은은하게 비치는데, 이런 은은한 컬러감을 살려 미니 파운드케이크를 포장해 보자. 각각 다른 컬러의 부직포를 준비하고 트레이싱지와 부직포를 겹쳐서 파운드케이크를 포장한다. 케이크 상자에 포장한 파운드케이크를 담아 예쁘게 포장하면 보다 고급스러운 선물로 재탄생!

How To Wrapping

나무 상자, 트레이싱지, 부직포(빨강 · 주황 · 연두 · 갈색), 1㎝ 폭 골지 리본, 스티커, 도트무늬 포장지, 2㎝ 폭 브라운 골지 리본

1 그림과 같은 크기로 트레이싱지를 재단한다.
2 그림과 같은 크기로 부직포를 재단한 다음 반 접어 중앙에 스티커를 붙인다.
3 파운드케이크에 ②의 부직포를 두른 다음 ①의 트레이싱지 위에 올리고 캐러멜식 포장(p18 참고)을 한다.
4 1㎝ 폭 골지 리본으로 ③의 파운드케이크에 일자 매기(p27 참고)를 한다.
5 파운드케이크를 나무 상자에 담은 다음 상자 뚜껑을 닫고 도트무늬 포장지로 캐러멜식 포장(p18 참고)을 한다.
6 골지 리본으로 ⑤의 상자에 사선 매기 응용(p28 참고)을 참고하여 리본을 묶은 후 나비 보(p24 참고)로 마무리한다.

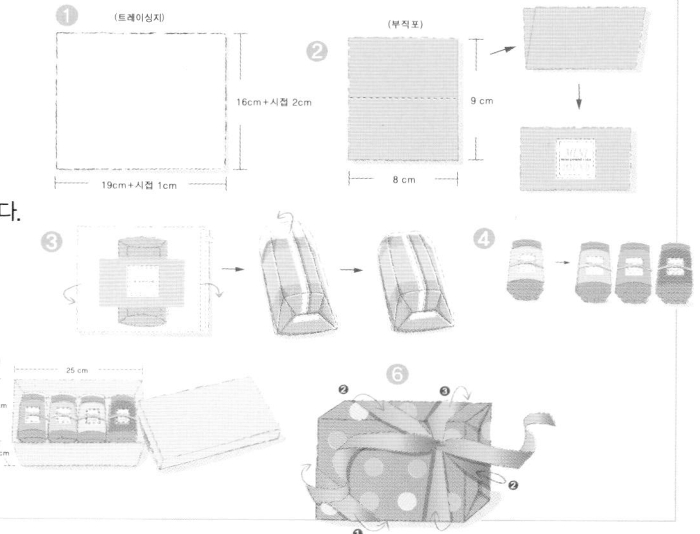

원색 띠를 두른 삼각형 미니 봉투 포장

아이들에게 줄 미니 캔디 봉투를 만들어 보자. 흰 종이를 봉투 모양으로 만들어 아래쪽과 위쪽을 반대로 접어 붙이면 삼각형 모양의 봉투가 된다. 여기에 원색의 띠 하나를 두르면 아기자기 재미있는 캔디 포장이 완성된다. 우리집을 찾은 아이 친구들이나 손님들이 하나씩 가져갈 수 있도록 캔디나 초콜릿을 넣어 커다란 바구니에 담아둔다.

How To Wrapping

흰색 종이, 컬러 트레이싱지(빨강 · 파랑 · 노랑 · 연두 · 오렌지), 스티커, 양면테이프

1 흰색 종이를 20×15㎝로 재단한 다음 그림처럼 반 접고 양면테이프를 붙여 봉투 모양으로 만든다.

2 ①의 봉투 안에 사탕을 넣고 봉투 밑 부분 붙인 방향과 반대 방향으로 위쪽을 접어 삼각형 모양으로 만든다.

3 봉투 윗 부분을 1.5㎝ 정도 두 번 접은 다음 컬러 트레이싱지를 1.5㎝ 폭으로 잘라 그림처럼 붙이고 중간에 스티커를 붙여 마무리한다.

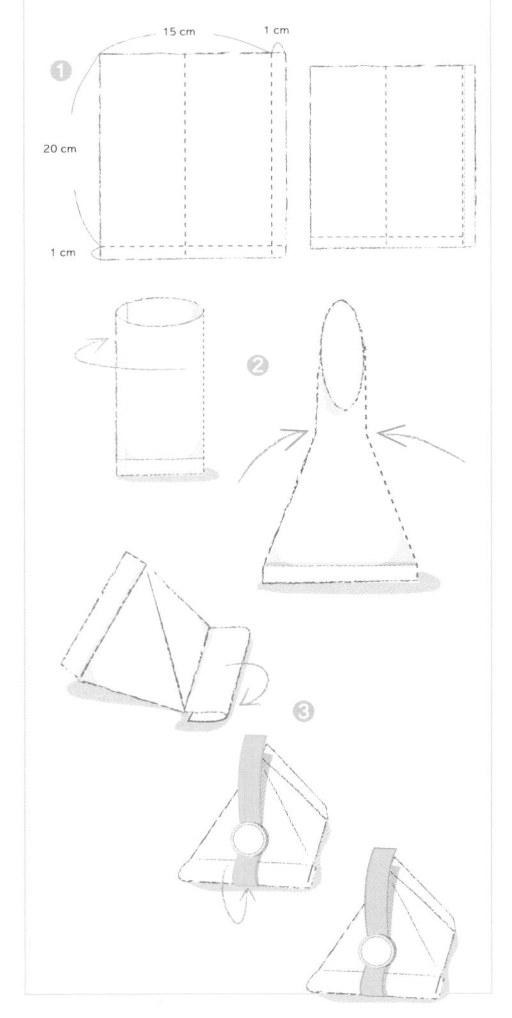

How To Wrapping

사각 미니 상자, 브라운 색지, 1.5㎝ 폭 스티치 장식 그린색 골지 리본, 문구용 풀, 양면테이프

1 p23을 참고하여 상자를 커버링한다.
2 리본을 상자에 한 번 두른 다음 한쪽 끝은 둥근 모양으로 만들고, 다른 쪽 끝은 반대로 둥글게 말아 두 리본을 양면테이프로 붙인다.
3 리본 위에 스티커를 붙여 모양을 내는 동시에 리본이 떨어지지 않게 마무리한다.

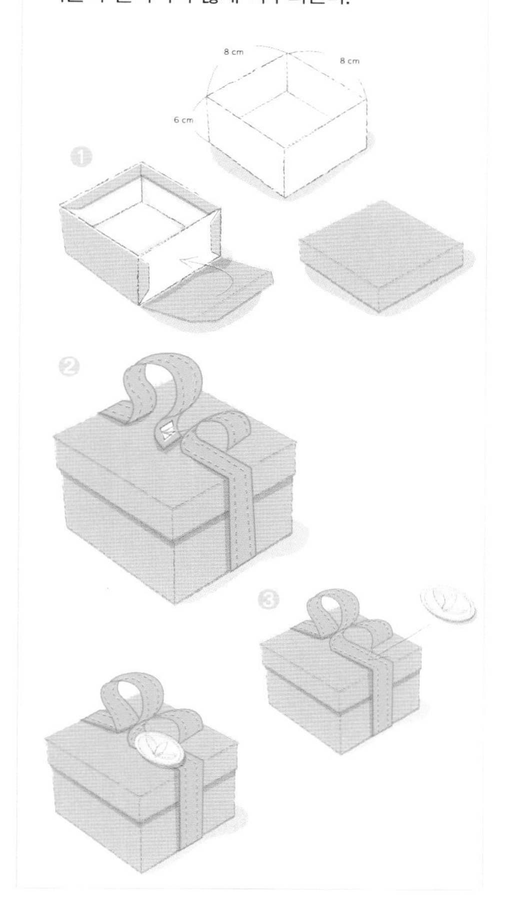

브라운 & 그린의 조화 속에 리본 장식이 깜찍한 초콜릿 박스 포장

친구들에게 선물할 작은 초콜릿 상자. 흔한 리본 대신 색다른 표현 방법으로 리본을 장식해 보자. 브라운 미니 상자에 그린 리본을 산뜻하게 매치, 리본은 상자에 묶는 대신 파도 모양으로 장식하고 스티커를 붙여 마무리했다. 나비 보로 장식하는 것보다 간단해 누구나 쉽게 따라할 수 있으므로 아이들과 함께 만들어 봐도 좋다.

코르크 마개를 포인트로 장식한 와인 봉투 포장

와인 선물이 늘어나는 요즘, 나만의 와인 포장 노하우 하나 정도 알고 있으면 아주 유용하게 활용할 수 있다. 와인을 넣어도 찢어지지 않을 정도의 튼튼한 종이로 봉투를 만들고 가죽 끈과 코르크 마개로 장식한다. 가죽 끈에 메모가 가능한 종이 태그를 붙여 간단한 메시지까지 전달할 수 있도록 만든 와인 병 포장은 이국적인 분위기를 물씬 풍긴다.

How To Wrapping

두꺼운 종이, 갈색 가죽 끈, 코르크 마개, 두꺼운 태그

1 p22 봉투 만들기 1을 참고하여 12×35×9㎝의 봉투를 만든 후 봉투 윗부분에 구멍을 낸다.
2 가죽 끈을 구멍 사이에 넣어 봉투에 연결하고 군데군데 매듭을 지은 다음 가죽 끈 끝에 코르크 마개를 붙인다.
3 태그에 구멍을 내고 가죽 끈으로 연결한다.

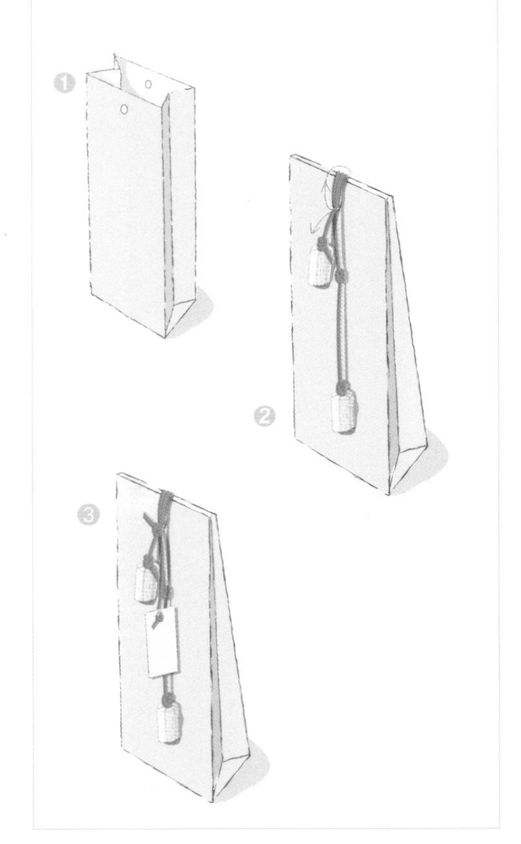

트레이싱지 봉투에 리본을 엮은 모던 스타일 와인 포장

와인을 즐기는 사람들이 늘어나면서 생일이나 집들이 선물로 와인을 선물하는 사람들이 많아졌다. 하지만 와인을 선물할 때마다 어떻게 포장해야 할지 난감하기만 하다. 이럴 때 트레이싱지와 리본만으로 손쉽게 포장할 수 있는 아이디어 하나! 트레이싱지를 와인 병의 길이보다 조금 길게 재단해 봉투를 만드는데, 봉투를 만들기 전 한쪽 옆에 리본을 두 줄 엮어 연출하면 산뜻한 캐주얼 감각의 와인 포장이 완성된다.

How To Wrapping

트레이싱지, 1cm 폭 파랑 공단 리본, 0.5cm 폭 보라 공단 리본, 칼, 핑킹 가위, 양면테이프

1 트레이싱지를 24×44cm 길이로 재단한 뒤 옆에서 1cm를 남기로 1.5cm 간격으로 세로로 두 줄 칼집을 넣는다.

2 칼집을 넣은 사이로 파랑 공단 리본 한 줄, 보라 공간 리본 한 줄을 엮어가며 끼워 넣고 리본 끝은 안쪽에서 테이프를 붙여 마무리한다.

3 ②의 트레이싱지는 양 옆을 양면테이프로 붙여 둥근 모양이 되도록 한 뒤 밑부분을 그림처럼 접어 붙여 둥근 봉투 모양으로 만든다.

4 ③의 봉투에 와인을 넣고 와인 병 길이에 맞춰 위쪽의 여분을 앞으로 접은 다음 가로로 1.5cm 간격으로 두 장을 함께 칼집을 넣는다. 파랑 공단 리본을 엮어 끼워 놓고 봉투 끝은 핑킹 가위로 잘라 모양을 낸다.

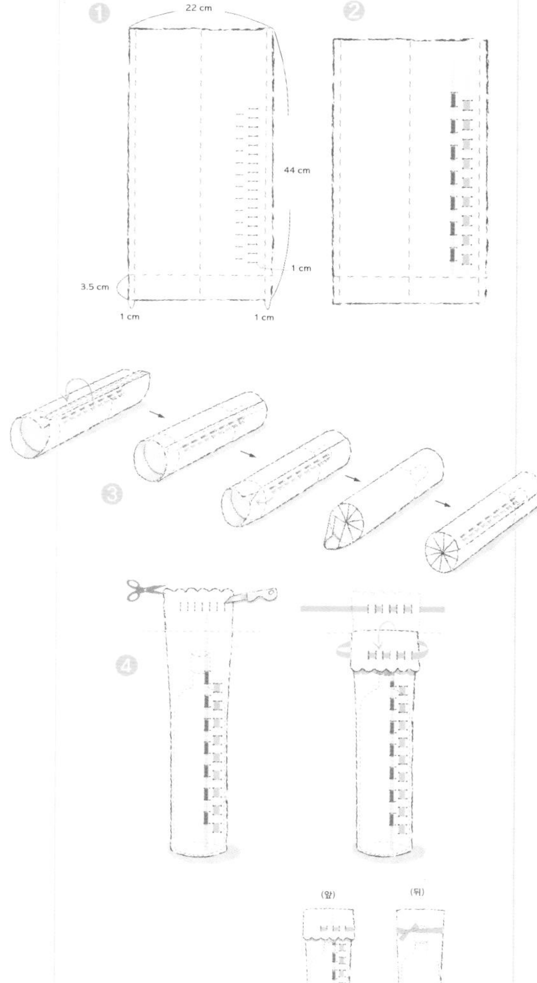

How To Wrapping

와인 박스, 포장용 비닐, 가죽 끈

1 와인 박스 뒤로 박스 뚜껑을 비스듬히 세운다.
2 쿠키나 치즈 등 박스에 담을 음식은 포장용 비닐과 리본으로 포장한다.
3 와인 박스 안에 와인과 와인 잔, 와인 스크류, 치즈, 쿠키 등을 담는다.
4 ③의 와인 박스를 비닐로 감싸고 양쪽 끝을 가죽 끈으로 묶어 마무리한다.

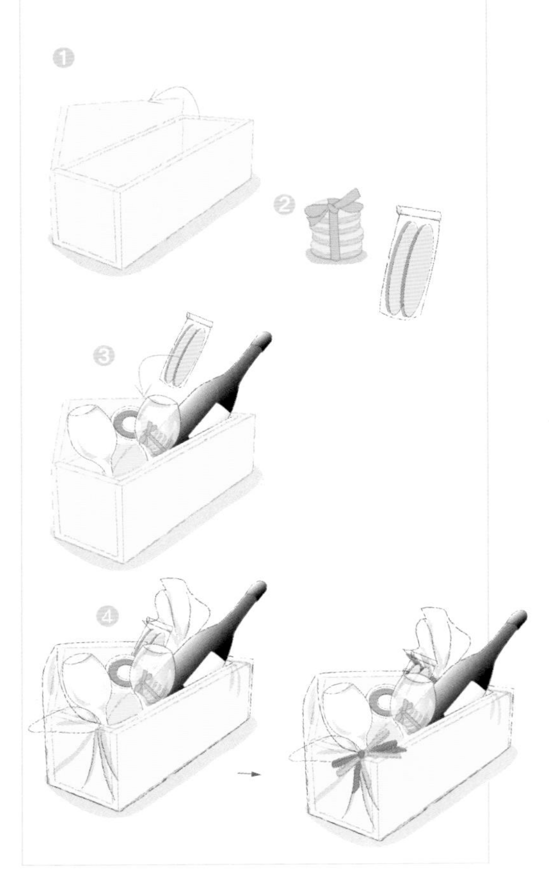

여러 가지 안주를 함께 넣은 실용 만점 와인 포장

좀 더 센스 있는 와인 선물을 하고 싶다면 와인과 잘 어울리는 안주를 함께 담아 포장해 보자. 와인 박스를 준비한 뒤 정성스럽게 고른 와인과 근사한 와인 잔을 함께 담는다. 그리고 치즈나 훈제 햄 등 와인과 곁들여 먹기 좋은 안주까지 더한다면 그 정성과 배려에 감동 두 배의 선물이 될 것이다. 박스는 비닐로 감싼 다음 양 끝을 리본으로 묶어 장식한다.

신선한 과일과 치즈 등을 매치한 와인 & 샴페인 포장

화이트 와인이나 스파클링 와인은 차게 해서 마셔야 제맛. 이처럼 차게 즐기는 술을 선물할 때는 얼음 바스켓을 준비해 포장한다. 와인이나 샴페인을 유리 볼에 담고 주변에 얼음을 채운 뒤 신선한 과일까지 함께 포장하면 보기에는 물론 그 센스에 감탄이 절로 나올 듯. 과일과 얼음 바스켓은 비닐로 신선하게 포장하고 리본을 묶어 예쁘게 마무리한다.

How to Wrapping

유리 볼, 포장용 비닐, 피콧 리본

1. 포장용 비닐을 이용해 과일과 음식을 포장한다.
2. 유리 볼에 준비한 과일과 음식, 와인을 보기 좋게 담고 얼음을 채운다.
3. 와인과 과일을 담은 유리 볼을 비닐 위에 올리고 비닐로 유리 볼을 감싼 뒤 양 옆은 피콧 리본으로 묶어 장식한다.

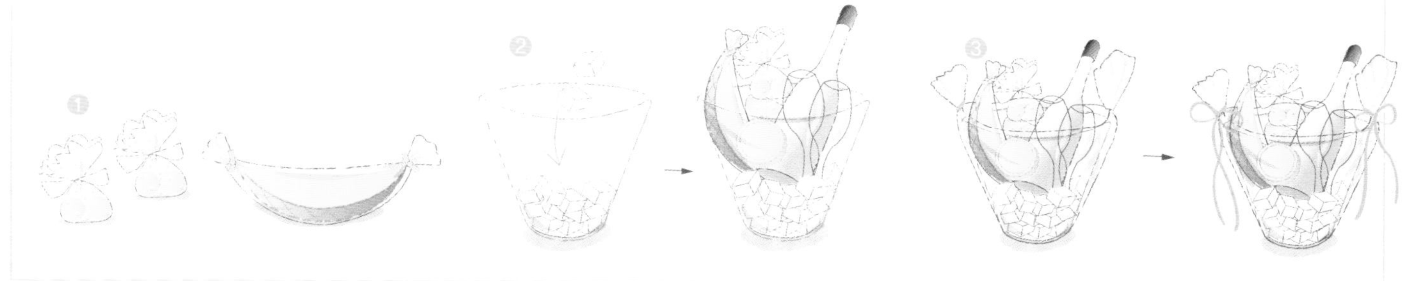

부직포로 장식한 세 가지 스타일 오일 병 포장

명절 선물의 단골 아이템 중 하나인 올리브오일과 참기름. 그다지 특별할 것 없는 선물이라도 어떻게 포장하느냐에 따라 그 정성과 의미는 달라진다. 흔한 참기름 병 하나라도 예쁘게 포장하는 센스를 발휘해 보자. 예쁜 컬러의 부직포로 병을 감싸고 리본으로 묶기만 하면 완성. 작은 선물이라도 산뜻하게 포장해 받는 이의 마음을 따뜻하게 해보자.

How To Wrapping

부직포(핑크 · 오렌지 · 블루), 꽃 리본, 가는 공단 리본(짙은 핑크 · 옅은 핑크), 오렌지 끈, 블루 공단 리본, 화이트 오건디 리본, 양면테이프

1 부직포를 가로는 병 둘레의 3~4배, 세로는 병 높이의 1.5배 정도 크기로 재단한 다음 부직포에 병을 올리고 둘둘 만다.
2 원통 캐러멜식 포장(p21 참고)을 응용하여 밑부분을 마무리한다.
3 병 높이에 맞춰 부직포를 뒤쪽으로 접은 다음 오렌지색 부직포로 포장한 병은 목 부분을 오렌지색 끈을 이용해 나비 보(p24 참고)로 마무리한다.
4 핑크 부직포로 포장한 병은 꽃 리본과 핑크 공단 리본으로 장식하고, 블루 부직포로 포장한 병은 블루 공단 리본과 화이트 오건디 리본을 세로로 한 줄 늘어뜨린 다음 화이트 오건디 리본으로 장식한다.

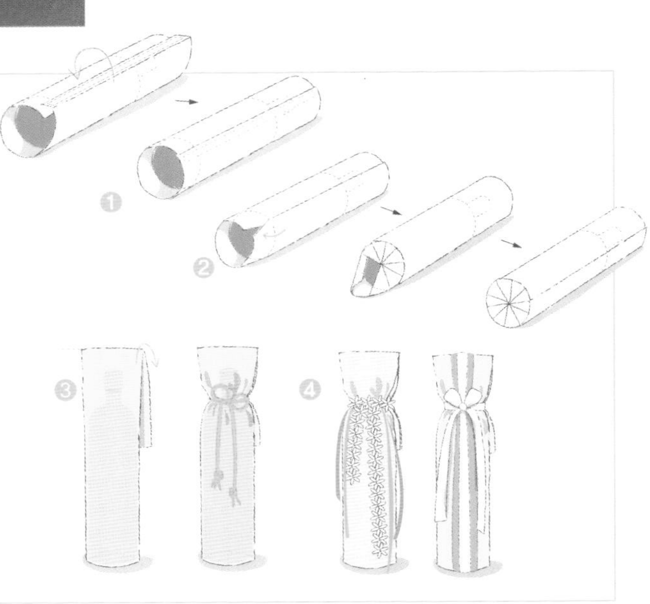

영자 포장지의 개성을 살린 다용도 봉투 포장

봉투 포장은 음식 포장뿐만 아니라 다양한 용도로 활용할 수 있어 실용적이다. 일반적으로 봉투 만드는 법과 더불어 이중으로 봉투 만드는 법도 시도해 보자. 컬러가 다른 두 가지 종이를 겹쳐 봉투를 만들고 봉투와 같은 컬러로 리본을 묶으면 산뜻한 모양의 센스 만점, 실용 만점 봉투가 된다.

“크래프트지와 영자 비닐 포장지를 겹쳐
전혀 다른 느낌의 캐주얼 포장지를 만들어 본다.
느낌이 다른 포장지를 여러 장 겹쳐
그 포장지만의 특징을 살리는
센스를 발휘해 보도록 하자.”

How To Wrapping

♥ **열은 오렌지색 부직포, 열은 브라운 크래프트지, 영자 비닐 포장지, 2㎝ 폭 핑크 공단 리본, 하트 장식, 양면테이프**

1 크래프트지와 비닐 포장지는 겹쳐 같은 크기로 재단하고, 부직포는 크래프트지보다 2㎝ 정도 크게 재단한다.
2 부직포, 크래프트지, 비닐 포장지를 겹치고 p23 봉투 만들기 2를 참고하여 봉투를 만든다.
3 테이프를 붙여 마무리한 부분이 앞쪽으로 오도록 둔다.
4 봉투 안에 선물을 넣고 핑크 공단 리본으로 나비 보(p24 참고)로 봉투를 여민다.
5 나비 보 위에 하트 장식을 단다.

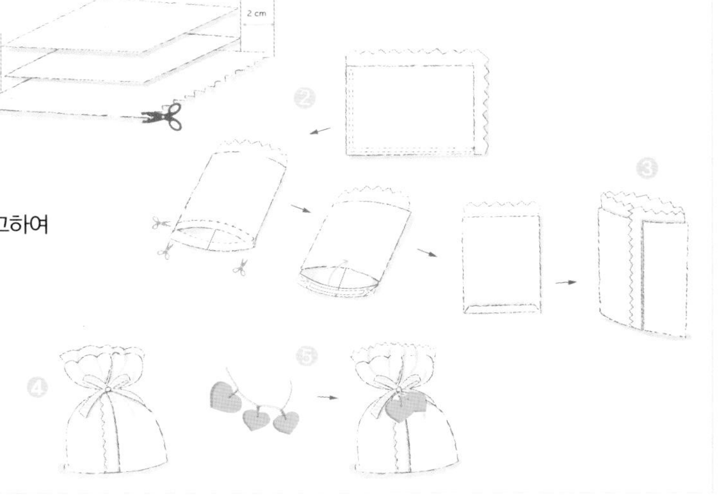

정성이 돋보이는 음식 선물 보자기 포장

웃어른께 가장 좋은 선물은 아마도 솜씨를 발휘해 만든 음식이 아닐런지…. 손수 마련한 음식을 들고 웃어른을 찾아뵙는 날, 찬합에 정갈하게 음식을 담고 음식이 식지 않도록 찬합을 보자기에 싸 모양을 낸다. 이때 보자기 가운데 찬합을 두고 보자기 모서리를 모아 꽃 모양으로 만든 후 고무줄로 단단히 묶는다. 마치 꽃 한 송이를 사뿐히 올린 듯한 보자기 포장으로 음식에 정성을 더해 보자.

How To Wrapping

상자, 화선포 본단 보자기

1 화선포 본단 보자기를 마름모 모양으로 두고 포장할 상자를 중앙에 놓는다.
2 화선포 본단 보자기는 상자를 중심으로 위아래 모서리를 접는다.
3 접은 보자기의 모서리를 상자 위쪽으로 올려 맞닿게 한다.
4 ③의 보자기는 꽃 모양처럼 만들어지도록 양쪽에서 지그재그 모양으로 주름을 잡아 가운데로 모은다.
5 꽃 모양이 흐트러지지 않게 손으로 잘 잡고 고무줄로 묶어 단단히 고정한다.
6 양쪽에 남아 있던 천을 위로 올리고 ⑤에서 만든 꽃 모양을 중심으로 서로 반대쪽으로 감아 묶는다.

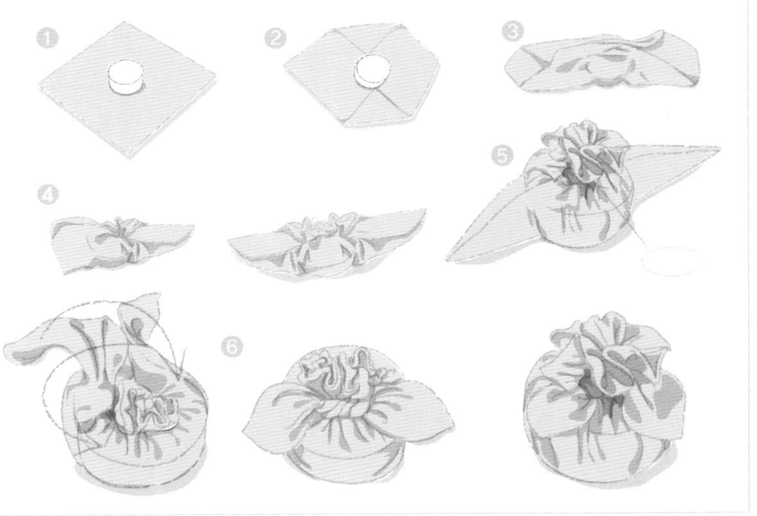

블랙 오건디 리본의 은은한 느낌을 살린 원형 그릇 포장

흔히 집들이 선물로 마련하는 그릇도 포장에 따라 얼마든지 개성이 돋보일 수 있다. 그릇을 넣을 원형 케이스를 준비하고 케이스는 화이트 포장지로, 뚜껑은 올리브 그린 포장지로 깔끔하게 포장한다. 그리고 접시 하나를 케이스 위에 올린 뒤 블랙 오건디 리본을 위쪽으로 묶어 은은한 감각을 살린다. 케이스 위에는 안쪽에 담긴 내용물을 하나 꺼내어 모양을 살려보는 것도 좋은 아이디어다.

How to Wrapping

원통형 박스, 포장지(화이트 · 올리브 그린), 3㎝ 폭 블랙 오건디 리본, 글루건

1 준비한 원통형 박스는 스프레이 접착제를 이용해 박스 본체는 화이트 포장지로, 뚜껑은 올리브 그린 포장지로 각각 커버링한다.
2 포장한 원통형 박스에 선물할 접시를 담고 블랙 오건디 리본으로 십자 매기(p27 참고)를 한다.
3 리본은 나비 보(p24 참고)로 매듭 짓고 보를 하나 더 묶어 마무리한다.

장미 꽃만큼 강렬한 당신의 마음을 담아…

사랑의 열정을 표현하는 아이템으로 붉은 장미만한 것이 또 있을까. 붉은 장미만으로 부족하다 싶으면 좀 더 센스 있는 포장으로 마음을 사로잡아 보자. 큼직한 유리 볼에 장미 꽃잎을 가득 담고 그 위에 장미를 멋스럽게 꽂는다. 유리 볼을 리본으로 한 번 두르고 나비 보로 마무리하면 근사한 꽃 포장이 완성된다. 이렇게 포장한 장미는 따로 꽃꽂이를 하지 않아도 훌륭한 인테리어 소품이 된다.

How To Wrapping ♥

♥ **유리 볼, 작은 꽃병, 2.5cm 폭 공단 리본(레드 · 핑크), 장미**

1 유리 볼에 작은 꽃병을 넣고 주변에 장미 꽃잎을 채운다.
2 핑크 공단 리본과 레드 공단 리본을 겹쳐 유리 볼 입구에서 일자 매기(p27 참고)를 한 후 나비 보(p24 참고)로 묶는다.
3 작은 꽃병에 장미를 근사하게 꽂는다.

How To Wrapping

화분 3개, 그린 넓은 지끈, 가는 지끈(아이보리 · 그린), 사각 상자 뚜껑, 포장용 비닐

1 화분 세 개는 모두 그린 넓은 지끈을 이용해 나비 보(p24 참고)로 묶는다.
2 포장용 비닐은 상자 뚜껑 사이즈에 맞춰 그림처럼 봉투를 만든다.
3 ②의 비닐 봉투에 상자 뚜껑을 넣고 상자 뚜껑 위에 화분 세 개를 넣는다.
4 아이보리 가는 지끈과 그린 가는 지끈을 겹쳐 비닐 양 끝을 나비 보로 묶는다.

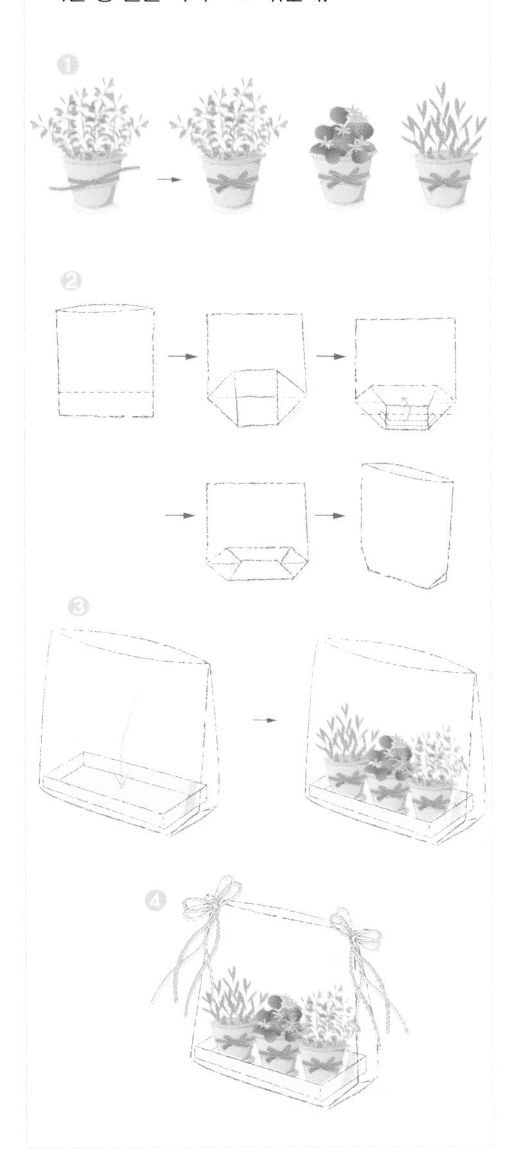

소박하면서도 부담없이 정성 담은 허브 화분 포장

집들이나 개업 선물로만 여겨지던 화분이 요즘 들어 생일이나 기념일 선물로도 많은 인기를 끌고 있다. 아기자기한 분위기로 화분을 포장하고 싶다면 작은 화분을 마련해 보자. 작고 귀여운 화분에 은은한 향기 가득한 허브를 담고 화분 세 개를 하나의 케이스에 담는다. 전체를 비닐로 감싼 뒤 양쪽을 리본으로 묶으면 원하는 대로 귀여운 분위기의 화분 포장이 완성된다. 화분 하나를 포장하더라도 비닐이나 부직포, 포장지 등 다양한 소재를 활용한다면 한결 멋을 낼 수 있다.

종이 박스에 끈을 달아 실용도 높인 꽃 선물 포장

꽃을 근사하게 포장하고 싶지만 솜씨가 부족하다면 간단하면서도 눈에 띄는 포장을 생각해 본다. 사각 상자에 가죽 끈을 연결해 마치 긴 손잡이가 달린 바구니처럼 만든 다음 상자 가득 잔잔하게 꽃을 꽂는다. 꽃꽂이나 포장 솜씨가 없어도 모양내기 손쉬워 꽃 선물을 할 때 한 번쯤 시도해 봄직하다. 창가나 벽의 한 코너에 걸어 두기 좋은 행잉 꽃바구니.

How To Wrapping

사각 상자, 화이트 포장지, 가죽 끈, 오아시스, 꽃

1. p23을 참고하여 사각 상자를 화이트 포장지로 커버링한다.
2. 상자 양쪽에 구멍을 내고 가죽 끈을 길게 연결해 긴 손잡이를 만든다.
3. 오아시스는 상자 크기보다 조금 작게 잘라 상자 안에 넣는다.
4. 상자 위로 줄기가 올라오지 않도록 꽃을 짧게 잘라 꽃꽂이를 한다.

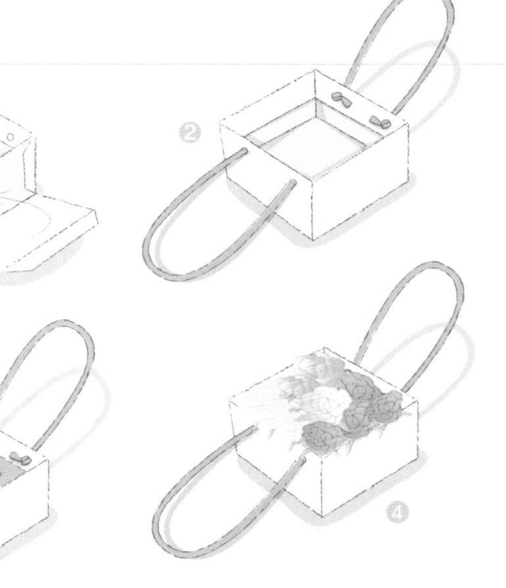

How To Wrapping

가죽 바스켓, 망사 유산지, 라피아 끈, 로즈메리

1 망사 유산지를 둥근 모양으로 자른 다음 그림처럼 향신료 뚜껑에 씌우고 라피아 끈으로 묶는다.
2 양념병을 가죽 바스켓에 담고 가운데 부분만 망사 유산지로 감싼 다음 라피아 끈을 묶는다.
3 리본 중간에 로즈메리를 두고 나비 보(p24 참고)로 묶어 포장을 완성한다.

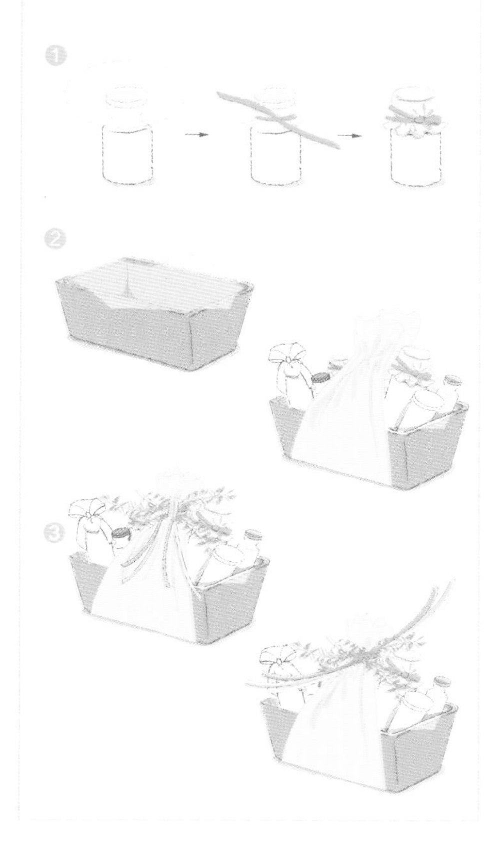

허브 장식으로 완성도 높인 천연식품류 선물 포장

집들이 선물로 휴지나 세제처럼 누구나 생각하는 것 말고 뭔가 색다른 것을 선물하고 싶다면 향신료와 올리브오일 등 주방 살림에 꼭 필요한 식품류를 선물하는 것도 좋다. 바구니에 여러 가지 식품이나 양념을 담고 포장지로 바구니를 한 번 감싸 포장한 다음 포장지 위에 허브를 곁들이면 장식 효과와 함께 은은한 향까지 더할 수 있다. 양념병 또한 그냥 넣는 것보다 포장을 살짝 더하면 한결 기분 좋은 종합 포장이 된다.

epilogue

다시 깨닫는 포장의 가치

책을 내기 위해 준비하는 데 적잖이 오랜 시간이 걸렸습니다.
그동안 세계 여러 나라를 다니면서 눈에 띄는 대로 모아둔 재료만도 작업실 하나를 빽빽이 채우고도 남는지라 이것들을 정리하고 매치하면 충분하리라 생각했지요.
하지만 막상 작업을 해놓고 보니 뭔가 중요한 것이 빠져 있다는 느낌이 들었습니다. 리본을 바꿔도 보고 컬러를 재배치해보아도 각 제품의 느낌이 원하는 만큼 나타나지 않았습니다.
선물을 받는 대상을 연상하며 그에게 전해질 선물의 의미를 강조하는 이미지 작업이 소홀했던 것입니다.
여태껏 작업한 것을 모두 쓸어내 버리고 넉넉한 마음으로 다시 처음부터 시작했습니다.
포장은 정교한 테크닉을 발휘해 내용물을 감싸는 것으로 완성되는 것이 아님을 다시 깨달은 순간이었습니다. 성의를 다한 내용물에 주는 이의 마음을 담는 것, 그래서 때론 환산할 수 없는 감동까지 불러일으키는 것이 포장의 가치임을 새삼 느낄 수 있었습니다.

최윤정의 명품 선물포장

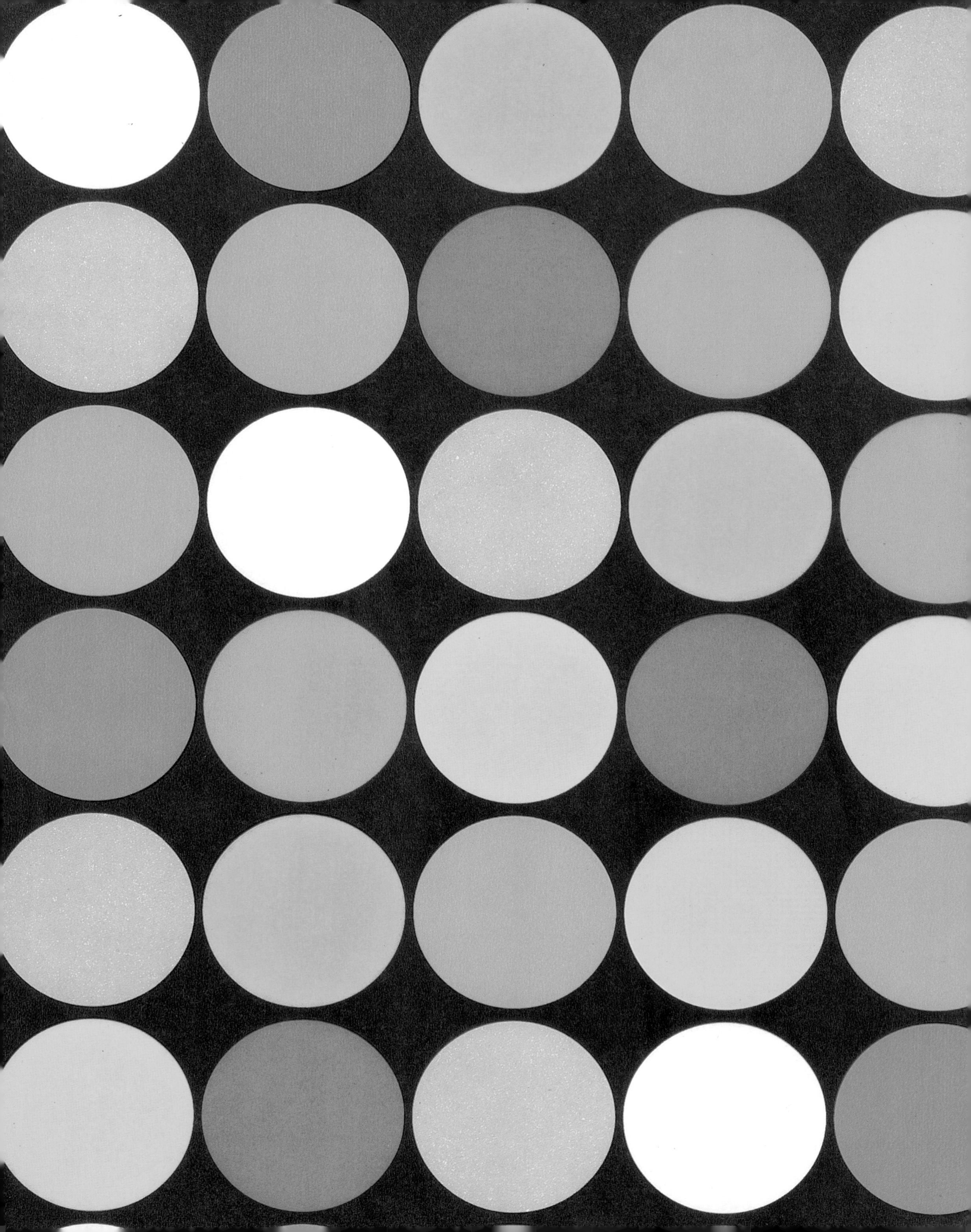